基于生态系统的
海岛生态保护空间分区研究

池　源　著

U0202245

海洋出版社

2023 年 · 北京

图书在版编目(CIP)数据

基于生态系统的海岛生态保护空间分区研究 / 池源
著. — 北京：海洋出版社，2023.2
ISBN 978-7-5210-1055-8

Ⅰ.①基… Ⅱ.①池… Ⅲ.①岛-生态环境-环境保
护-研究-洞头区 Ⅳ.①X321.255.4

中国版本图书馆 CIP 数据核字(2022)第 256983 号

基于生态系统的海岛生态保护空间分区研究

JIYU SHENGTAI XITONG DE HAIDAO SHENGTAI BAOHU KONGJIAN FENQU YANJIU

责任编辑：苏　勤

责任印制：安　森

海洋出版社 出版发行

http://www.oceanpress.com.cn

北京市海淀区大慧寺路 8 号　邮编：100081

鸿博昊天科技有限公司印制　新华书店经销

2023 年 2 月第 1 版　2023 年 2 月北京第 1 次印刷

开本：787 mm×1 092 mm　1/16　印张：12.5

字数：180 千字　定价：298.00 元

发行部：010-62100090　邮购部：010-62100072　总编室：010-62100034

海洋版图书印、装错误可随时退换

前　言

在全球变化背景下，人类活动已成为海岛生态系统演变的重要影响因子，但具体的影响机制仍待进一步探索。我国海岛大多沿大陆岸线分布，人类活动强度总体较高，又存在明显的空间异质性，为研究不同类型、不同强度人类活动干扰下海岛生态系统的空间格局演变提供了绝佳场所。

海岛具有重要的生态功能，又面临着复杂的外界干扰。近几十年来，海岛人类活动的日益频繁不可避免地对海岛生态功能构成损害，造成海岛生态保护和开发利用之间的矛盾。基于生态系统的海岛空间分区成为维护海岛重要生态功能、确保海岛人类活动关键需求、实现海岛可持续发展的必要途径。

海岛可持续发展蕴含了三方面的含义：海岛自然生态系统的保护、海岛社会生态系统的发展以及保护和发展的平衡。自然生态系统的保护应当严格且有效，以维护海岛重要的生态功能并缓解面对外界干扰时的脆弱性；社会生态系统的发展应当合理且高效，以改善海岛人居环境、充分利用海岛各类资源、削弱开发利用的负面影响并为未来发展预留空间；海岛保护和开发应当协调平衡以寻求可持续发展的最优路径。

海岛空间分区在全面评估海岛生态系统空间特征并辨识关键干扰因子的基础上，将海岛内部划分为不同的保护与利用子区域并赋予各子区域明确的发展方向和策略，能够为寻求海岛可持续发展的最优路径提供重要决策依据。然而，当前的海岛生态系统研究工作存在着关键生态要素的全面性把握不足、关键要素与外界干扰的内在联系认知不清楚、海岛内部的空间异质性研究缺乏等问题，从而难以为海岛空间分区提供有力支持。

鉴于此，选择我国典型泥沙-基岩混合岛群——洞头群岛作为研究区，针对基于生态系统的海岛空间分区这一科学问题，以海岛生态系统的空间异质性为核心，以野外调查和遥感影像为主要数据来源，开展了以下工作。

（1）通过精准刻画海岛景观格局类型、规模、等级和变化过程，量化了人类活动对海岛生态系统的影响及其空间特征。

（2）剖析了海岛植被-土壤系统的空间格局及关键影响因子，通过耦合海岛景观-植被-土壤并充分挖掘遥感影像的生态意义，实现了植被和土壤点状数据"由点到面"的空间模拟。

（3）通过全面考虑海岛生态系统关键要素、外界干扰及其空间异质性和内在关系，构建了海岛生态系统健康和韧性模型，并评估了不同尺度下海岛生态系统健康和韧性的空间特征。

（4）提出了针对不同保护和利用目的的海岛空间分区多种方案，并根据不同海岛的发展方向识别了各岛最优分区方案。

本书共分为7章，各章节主要内容如下。

第1章"绪论"：阐述研究背景、研究意义、研究进展、主要研究内容等。

第2章"研究区与数据来源"：对研究区概况和数据来源情况进行介绍。

第3章"基于景观格局的海岛人类活动影响空间特征量化"：关注海岛景观，通过分析海岛景观类型、规模效应、利用等级和变化过程，量化人类活动对海岛生态系统的影响及其空间特征。

第4章"海岛植被-土壤系统的空间分析与模拟"：关注海岛植被和土壤，通过分析海岛植被-土壤系统的空间格局并辨识其关键影响因子，建立基于现场调查的点状数据与基于遥感影像的面状数据的耦合关系，并模拟点状植被和土壤因子的面状分布特征。

第5章"海岛生态系统健康和韧性的空间评估"：全面考虑海岛景观、植被和土壤及其空间分异性特征，构建海岛生态系统健康模型；通过辨识海岛生态系统健康面对各类自然和人为干扰时的变化特征，构建海岛生态系统韧性模型；进而，采用该模型评估海岛尺度和评价单元尺度上海岛生态系统健康和韧性的空间特征。

第6章"海岛空间分区与发展对策"：基于海岛生态系统健康和韧性的空间数据，考虑不同保护和开发侧重程度，制定多种海岛保护与利用空间分区方案；根据不同海岛发展方向的差异，识别各岛最优的空间分区方案；进而，提出海岛总体发展对策和分区管控措施，为实现海岛可持续发展提供依据。

第7章"主要结论"。

本书打通了海岛生态系统"空间数据挖掘-空间分析模拟-空间综合评估-空间

分区优化"的全链条研究,具有一定的创新和贡献。

取得了以下科学认知:

(1)在关键生态要素方面,揭示了泥沙-基岩混合岛群中景观、植被和土壤在海岛之间和海岛内部的空间特征,实现了海岛关键生态要素不同尺度的空间异质性表达。

(2)在外界干扰因子方面,辨识了影响海岛生态系统空间异质性的主要自然和人为干扰因子,阐明了海岛关键要素和外界干扰的内在关系,并量化了不同外界干扰对生态要素的影响程度。

提出了以下技术方法:

(1)在综合评估模型方面,构建了一套基于关键生态要素、主要外界干扰及其耦合关系的海岛生态系统健康和韧性模型,该模型兼具准确性和适用性,可推广至不同区域的海岛生态系统研究中。

(2)在海岛空间分区方面,提出了基于生态系统的、针对不同保护和利用目的的多种海岛空间分区方案,结合不同海岛的发展方向识别出各岛最优分区方案,为海岛国土空间规划和自然资源管理提供了技术参考。

本书的研究工作在中央级公益性科研院所基本科研业务费专项资金资助项目"海岛海岸带生态地理学(2021S02)"和"岛群植物多样性空间分布的多重梯度效应(2018Q07)"以及国家自然科学基金项目"双重空间尺度下岛群生态网络的构建与优化(41701214)"的支持下完成。本书的研究得到了南京大学高建华教授的全程指导和把关,海岛外业调查和样品测试得到了滨州学院孙景宽教授、嘉应学院谢作轮博士和中国矿业大学(北京)付战勇博士的全力帮助,本书在撰写过程中也得到了自然资源部第一海洋研究所各位领导和同事一如既往的支持,在此一并表示感谢!

本书是对我国海岛生态地理学研究的进一步探索,以期为海岛生态地理学理论与技术体系的构建和发展贡献绵薄之力。然而,受限于个人水平,全书难免有各种纰漏和不足,还请各位读者不吝赐教!

作 者

2022 年 7 月于青岛

指标缩写释义汇总

章节	类别	指标	释义
全文	海岛基本参数	IA	Island area，海岛面积，hm^2
		ISN	Island sequence number，海岛序号，无量纲
第3章	人类活动影响参数和指标	IC	Influence coefficient，影响系数，无量纲
		SEF	Size effect factor，规模效应因子，无量纲
		ECI	Ecological condition index，生态状态指数，无量纲
		IHII	Island human interference index，海岛人类活动干扰指数，无量纲
		IHSI	Island human support index，海岛人类活动支撑指数，无量纲
第4章	植被单项指标	TCo	Total coverage in tree layer，乔木层盖度，%
		SCo	Total coverage in shrub layer，灌木层盖度，%
		HCo	Total coverage in herb layer，草本层盖度，%
		TH′	H' in tree layer，乔木层 Shannon-Wiener 指数（H'），无量纲
		SH′	H' in shrub layer，灌木层 H'，无量纲
		HH′	H' in herb layer，草本层 H'，无量纲
		TE	E in tree layer，乔木层 Pielou 指数（E），无量纲
		SE	E in shrub layer，灌木层 E，无量纲
		HE	E in herb layer，草本层 E，无量纲
	土壤单项指标	BD	Bulk density，容重，g/cm^3
		pH	酸碱度，无量纲
		MC	Moisture content，含水量，%
		S	Salinity，含盐量，g/kg
		TC	Total carbon，总碳，g/kg
		TN	Total nitrogen，总氮，g/kg
		TOC	Total organic carbon，总有机碳，g/kg
		AP	Available phosphorus，有效磷，mg/kg
		AK	Available potassium，速效钾，mg/kg
	植被-土壤系统综合指标	VCI	Vegetation condition index，植被状况指标，无量纲
		SCI	Soil condition index，土壤状况指标，无量纲
		VSSCI	Vegetation-soil system composite index，植被-土壤系统综合指标，无量纲

续表

章节	类别	指标	释义
第4章	潜在影响因子 及预测因子	ISI	Island shape index，海岛形状指数，无量纲
		SRP	Proportion of sea reclamation area，围填海区面积占比，%
		VP	Proportion of vegetation area，植被区面积占比，%
		CP	Proportion of construction area，建设区面积占比，%
		NP	Number of patches，斑块数量，个
		AWMSI	Area-weighted mean shape index，面积加权平均形状指数，无量纲
		LII	Landscape isolation index，景观隔离度指数，无量纲
		Al	Altitude，海拔，m
		Sl	Slope，坡度，°
		As	Slope aspect，坡向，无量纲
		DTS	Distance to the shoreline，距岸线距离，m
		NDVI	Normalized difference vegetation index，归一化植被指数，无量纲
		SI1	Salinity index 1，盐度指数1，无量纲
		SI2	Salinity index 2，盐度指数2，无量纲
		BT	Brightness temperature，亮度温度，无量纲
		LSWI	Land surface wetness index，地表湿度指数，无量纲
		BSI	Bare soil index，裸土指数，无量纲
		DTR	Distance to the road，距公路距离，m
		DTRA	Distance to the reclamation area，距围填海区距离，m
第5章	海岛生态 系统健康	C1	景观，无量纲
		C11	景观组成，无量纲
		C12	景观布局，无量纲
		C2	植被，无量纲
		C21	植被生长状况，无量纲
		C22	植物多样性，无量纲
		C3	土壤，无量纲
		C31	土壤碳储量，无量纲
		C32	土壤养分，无量纲
		ILC	Important landscape coverage，重要景观覆盖率，%
		NP	Number of patches，斑块数量，个
		AWMSI	Area-weighted mean shape index，面积加权平均形状指数，无量纲

续表

章节	类别	指标	释义
第 5 章	海岛生态系统健康	LII	Landscape isolation index，景观隔离度指数，无量纲
		NDVI	Normalized difference vegetation index，归一化植被指数，无量纲
		HH′	H' in herb layer，草本层 H'，无量纲
		HE	E in herb layer，草本层 E，无量纲
		TOCD	Total organic carbon density，总有机碳密度，kg/m^2
		TN	Total nitrogen，总氮，g/kg
		AP	Available phosphorus，有效磷，mg/kg
		AK	Available potassium，速效钾，mg/kg
		IEHI	Island ecosystem health index，海岛生态系统健康指数，无量纲
		IHII	Island human interference index，海岛人类活动干扰指数，无量纲
		Sl	Slope，坡度，°
		S	Salinity，含盐量，g/kg
	海岛生态系统韧性	IERI1	Island ecosystem resilience index for anthropogenic factor，人为因子影响下的海岛生态系统韧性指数，无量纲
		IERI2	Island ecosystem resilience index for terrain factor，地形因子限制下的海岛生态系统韧性指数，无量纲
		IERI3	Island ecosystem resilience index for marine factor，海洋因子影响下的海岛生态系统韧性指数，无量纲
		IERI	Island ecosystem resilience index，海岛生态系统韧性指数，无量纲

目　录

第1章 绪 论

1.1 研究背景与意义

1.1.1 研究背景

海岛是一种独特的地理综合体。明显的空间隔离、特殊的地理位置和有限的面积是海岛自身最鲜明的特征(Eldridge et al., 2014; Chi et al., 2020a; Nel et al., 2021)。由于显著的隔离性,每个海岛都是相对独立的生态系统,造就了海岛重要的生物多样性贮存功能(Borges et al., 2018)。从长时间尺度来看,海岛的隔离性为物种分化提供了独特的生境条件,也为珍稀濒危生物提供了天然避难所,从而形成了诸多海岛特有种(Chi et al., 2020b)。从全球尺度来看,海岛拥有着与其面积不成比例的丰富的生物多样性(Whittaker et al., 2007; Kier et al., 2009; Weigelt et al., 2013);据初步统计,海岛以仅占全球陆地6.7%的面积拥有全球约20%的生物多样性(Fernández-Palacios et al., 2021)。诸多海岛被"保护国际"(Conservation International)纳入生物多样性热点名录(Mittermeier et al., 2005)。特殊的地理位置又赋予了海岛另一项重要生态功能,即鸟类迁徙路线的关键节点(梁斌等,2007)。我国绝大部分海岛位于世界八大鸟类迁徙路线之一——东亚-澳大利亚迁徙路线的覆盖范围,为大规模鸟类迁徙提供停靠站,也为黑脸琵鹭(*Platalea minor*)、黄嘴白鹭(*Egretta eulophotes*)、中华凤头燕鸥(*Thalasseus bernsteini*)等珍稀濒危鸟类提供天然繁殖地(尹祚华等,1999;陈水华等,2014)。与此同时,海岛位置的特殊性使其面临着复杂的外界干扰。剧烈的海陆交互作用带来了各类自然扰动,如海平面上升、风暴潮、灾害性海浪、海岸侵蚀、海水入侵等(Maio et al., 2012;池源等,2015a;刘乐军等,2015;Holdaway et al., 2021);此外,明显的区位优势和丰富的自然资源吸引了大量的、类型多样的人类开发利用活动,如城乡建设、港口码头建造、围填海、旅游开发、海水养殖、农田开垦等(Agetsuma, 2007; Chi et al.,

2020a；Moghal et al.，2018；Lapointe et al.，2020）。海岛的另一个鲜明特征，即面积的有限性，又带来了显著的生态脆弱性，使其对外界干扰响应灵敏，生态系统易受损且受损后难以恢复（Borges et al.，2014；Chi et al.，2017a；Ma et al.，2020）。因此，海岛一方面对生物多样性维护和鸟类迁徙具有不可或缺的生态功能，另一方面又受到自然和人为因子的多重干扰且面对干扰表现出明显的脆弱性。复杂多样的外界干扰集中在面积有限的海岛上，不同海岛的面积、隔离性、地形等自然属性可能相一致也可能存在明显差异，受到的各类外界干扰可能相似也可能表现出显著的空间异质性，使得海岛成为辨识各类自然和人为因子对生态系统影响的绝佳研究场所。尽管海岛在很多方面表现出与大陆海岸带区域相似的生态特征，但岛群中各岛本身具有清晰的空间边界，各岛之间表现出明显的生物地理变异性，生态系统对外界干扰响应灵敏，且生态过程具有一定的可控制性（Vitousek，2002；Kirch，2007；DiNapoli et al.，2018）。因此，海岛可被当作生态学、地理学研究的模型系统（model systems），在海岛上取得的认识规律和提出的方法模型可根据实际情况推广至其他海岸带区域。

近几十年来，随着人类开发改造自然的能力不断增强，人类逐渐克服了海岛隔离性带来的不便，对海岛的开发利用类型不断增多、范围不断扩大、强度不断增强，对海岛自然生态系统造成深刻的影响。人类活动破坏海岛及周边海域的地形地貌和底质环境（Jiang et al.，2021；Zhang et al.，2021a），增加景观人工化和破碎化（Xie et al.，2018；Sun et al.，2020），侵占自然生境并改变原生植物群落结构（Chi et al.，2016；Gil et al.，2018），排放各类污染物恶化环境质量（Parsons et al.，2008；Filho et al.，2019），进而对海岛生态系统健康构成威胁（Wu et al.，2018；Hafezi et al.，2020；Chi et al.，2021）。根据世界自然保护联盟（International Union for Conservation of Nature，IUCN）统计，世界上61%的灭绝物种和37%的极濒危物种均为海岛特有种（IUCN，2010；Tershy et al.，2015）。我国绝大部分海岛沿大陆岸线分布，离岸较近，人类活动总体较为剧烈，但在不同区域、不同海岛之间表现出了明显的空间差异（李晓敏等，2015；Xie et al.，2018；Chi et al.，2019a，2020a，2022a）。海岛的开发利用对社会经济发展起到了重要的支撑作用。海岛农渔业、矿产和工业活动产出了食物、材料和产品（Dalton et al.，2017；Chi et al.，2019a）；海岛城乡建设为人类提供了居住和日常活动的空间（Chi et al.，2018a；Lapointe et al.，2020）；码头、桥梁和公路建设提升了海岛对外和对内交通能力并利用了海岛的港口资源（Martín-Cejas et al.，2010；Xie et al.，2018）；旅游开发挖掘了海岛特有的旅游资源并提升了海岛休闲娱乐功能（Yang et al.，2016；Moon et al.，2018）。国内外许多海岛已发展成为重要的城市和港口以及著名的旅游目的地，是人类生存、生活和生产的重要载体（Brown et al.，2000；Li et al.，2010；Lin et al.，2013；Su et al.，2016，2021）。海岛人类活动的日益频繁不可避免地对海岛的生态功能构成损害，造成了海岛保护与利用之间的矛盾。

2009 年 12 月，《中华人民共和国海岛保护法》正式公布，旨在"保护海岛及其周边海域生态系统，合理开发利用海岛自然资源，维护国家海洋权益，促进经济社会可持续发展"；2012 年 4 月，国家海洋局公布实施《全国海岛保护规划》，成为引导全社会保护和合理利用海岛资源的纲领性文件。此后的十年中，国家和地方陆续制定了一系列的海岛保护与利用规章制度和区划规划，如 2018 年 7 月国家海洋局发布的《关于海域、无居民海岛有偿使用的意见》、2018 年 9 月浙江省人民政府批准实施的《浙江省海岛保护规划（2017—2022 年）》等。这些文件为保护和利用海岛提供了重要的法律、政策和制度保障，也对如何有效平衡海岛生态系统保护和社会经济发展提出了更高的要求。在这样的背景下，基于生态系统的海岛空间分区成为维护海岛重要生态功能、确保海岛人类活动关键需求、实现海岛可持续发展的必要途径。海岛可持续发展蕴含了三方面的意义：海岛自然生态系统的保护、海岛社会生态系统的发展以及保护和发展的平衡。自然生态系统的保护应当严格且有效，以维护海岛重要的生态价值并缓解面对外界干扰时的脆弱性；社会生态系统的发展应当合理且高效，以改善海岛人居环境、充分利用海岛各类资源、削弱开发利用的负面影响并为未来发展预留空间；海岛保护和发展应当协调平衡，以寻求可持续发展的最优路径。海岛空间分区在全面评估海岛生态系统空间特征并辨识关键干扰因子的基础上，将海岛内部划分为不同的保护与利用子区域并赋予各子区域明确的发展方向和策略，能够为寻求海岛可持续发展的最优路径提供重要决策依据。然而，专门的海岛空间分区研究鲜见报道。在目前已发表的相关研究中，以"海岛"和"空间分区"为主题的研究一般为针对海岛周边海域的空间分区工作（Kamukuru et al.，2004；Thomassin et al.，2010；陈鹏等，2013；Lu et al.，2014；White et al.，2015；向芸芸等，2018），或者仅仅是海岛空间分区的初步探讨（张耀光等，2011；初佳兰等，2013）。

海岛空间分区应当基于生态系统的全面评估和关键影响因子的准确辨识。当前的海岛生态系统评估可分为两大类：单因子评估和综合评估。单因子评估通常采用以下三种方法：①指示物种法：采用海岛及周边海域中的指示物种，如硅藻（Park et al.，2020）、牡蛎（Ahn et al.，2020）、红树林植物（Loughland et al.，2020），以反映生态系统状况；②单要素法：重点关注海岛生态系统的某一关键要素并对该要素的时空变化进行评估，包括但不限于生物（Chi et al.，2016；Borges et al.，2018；Craven et al.，2019）、景观（Chi et al.，2018a；Xie et al.，2018；Gil et al.，2018；Kefalas et al.，2019；Shifaw et al.，2019）、土壤（Atwell et al.，2018；Chi et al.，2019b；Martín et al.，2019；Wilson et al.，2019）、地形地貌（Al-Jeneid et al.，2008；Sahana et al.，2019）、地下水（Kura et al.，2015；Holding et al.，2016）；③单干扰法：研究海岛生态系统面临某一外界干扰时的响应特征，外界干扰包括气候变化（Duvat et al.，2017）、海平面上升（Maio et al.，2012）、地震风险（Sarris et al.，2010；Martins et al.，2012）、海水入侵（Morgan et al.，2014）、飓风灾害（Taramelli et al.，2015；Velasquez-Montoya et al.，2021）、外来生物入侵（Cai et al.，2020a）、城镇化（Ramírez et al.，2012；Gao et al.，2019；Lapointe et al.，2020）、污染物排放（Parsons et al.，2008；Filho et al.，2019；Grant et al.，2021；Roman et al.，2021）、溢油（Fattal et al.，2010）、旅游活动（Kurniawan et al.，2016，2019）等。综合评估是指通过不同角度全面评估海岛生态系统的综合特征，目前常见的方法包括海岛生态脆弱性（Borges et al.，2014；Kurniawan et al.，2016；Chi et al.，2017a；Ng et al.，2019；Vaiciulyte et al.，2019；Xie et al.，2019；Ma et al.，2020）、海岛生态系统服务（Dvarskas，2018；Zhan et al.，2019）、海岛生态承载力与生态足迹（Dong et al.，2019；Wu et al.，2020）、生态系统健康（Wu et al.，2018；Hafezi et al.，2020）等。上述工作从不同角度推动了海岛生态系统的研究。然而，当前的研究难以为海岛空间分区提供有力支持，原因可概述为以下三点：①对海岛生态系统各类关键要素缺少全面的把握，且研究方法的适用性不强；②当前的研究已经考虑了海岛生态系统的各类干扰因子，但海岛关键要素–外界干扰的内在联系尚待进一步揭示；③对空间异质性，特别是海岛内部的空间异质性显示不足。

1.1.2 研究意义

综上，本研究针对基于生态系统的海岛空间分区这一科学问题，以海岛生态系统的空间分异性为核心，以"空间数据挖掘–空间分析模拟–空间综合评估–空间分区优化"为研究链条，主要开展以下研究工作：

（1）通过精准刻画海岛景观类型、规模、等级和变化过程，量化人类活动对海岛生态系统的影响及其空间特征。

（2）剖析海岛植被–土壤系统的空间格局及其关键影响因子，通过耦合现场调查点状数据和遥感影像面状数据，实现植被和土壤点状数据"由点到面"的空间模拟。

（3）基于海岛景观、植被、土壤三个关键要素的空间特征，构建海岛生态系统健康模型；通过辨识各类自然和人为干扰及其对海岛生态系统的影响，构建海岛生态系统韧性模型；采用两种模型评估双重尺度下海岛生态系统健康和韧性的空间特征。

（4）基于海岛生态系统健康和韧性结果，提出针对不同保护和利用目的的多种海岛空间分区方案，并根据不同海岛发展方向识别各岛最优分区方案。选择我国南方海岛区域——洞头群岛作为研究区开展上述研究工作。

本研究旨在剖析海岛景观、植被、土壤等关键生态要素的空间分异特征及其关键影响因子，构建一套以空间异质性为特色的海岛生态系统健康和韧性模型，进而提出并识别海岛空间分区方案。研究结果能够揭示高强度人类活动影响下海岛各类生态要素、主要外界干扰及生态系统整体的空间变化规律及其相互关系，对阐明海岛生态系统的人类活动影响机制具有重要意义；同时，本研究能够提供一套兼具全面性、准确性和适用性并直接服务于空间分区的海岛生态系统综合评估模型，为海岛国土空间规划和自然资源管理提供技术依据。此外，海岛作为生态学、地理学研究的模型系统，所提出的一系列方法模型可根据实际情况推广至其他海岸带区域。

1.2 国内外研究进展

1.2.1 生态系统健康和韧性

1.2.1.1 生态系统健康和韧性研究进展

1）生态系统健康

"健康"（health）一词起源于医学，最初用于描述人类在生理、心理和社会关系上综合表现出的一种良好的状态，后又逐渐延伸至动植物（Allen，2001）；健康并非单单形容人体或动植物体内某一组分（器官或组织）的状况，而是综合了各组分状况的人体或动植物体表现出的最终状态，且不同组分之间相互联系和作用构成统一整体。在全球快速变化背景下，生态系统受到复杂多样的自然扰动和日益增长的人类干扰并表现出不同程度的受损，地球上已基本不存在未受人类影响的生态系统（马克明等，2001）。与人体类似，生态系统也是由内部不同组分构成的，且各组分之间紧密联系构成统一整体。因此，20 世纪 40 年代以来，生态系统健康的思想开始萌芽并不断发展（孙燕等，

2011）。Rapport（1989）首次界定了生态系统健康的概念，提出了测度生态系统健康的三种手段：识别生态系统受损的信号和特征、辨识外界干扰的潜在威胁、监测受到干扰后系统恢复的时间。此后，生态系统健康的内涵得到不断的发展和完善。尽管目前生态系统健康尚无一个统一的定义，但其具有以下两个被普遍认可的属性，即生态系统健康是：①系统内各要素或组分状态的综合反映；②一定时空范围内自然和人为因子干扰下的稳定状态（Costanza et al.，1992；Vilchek，1998；Rapport et al.，1998；Lackey，2001；孙燕等，2011；刘焱序等，2015；Xiao et al.，2019；Wu et al.，2021）。

与此同时，国内外诸多学者开展了大量的生态系统健康案例研究工作。基于局地（Mantyka-Pringle et al.，2017）、区域（Li et al.，2021；Yushanjiang et al.，2021）、全国（Liu et al.，2020；Wu et al.，2021）、全球（Halpern et al.，2012；Zhao et al.，2019）等不同空间尺度，涉及各式各样的生态系统类型，包括但不限于淡水生态系统（Bunn et al.，2010；Cai et al.，2020b）、森林生态系统（Styers et al.，2010；Cai et al.，2020a）、湿地生态系统（Liu et al.，2020）、近海生态系统（Halpern et al.，2012）、城市群（Xiao et al.，2019）和社会-生态复合系统（Mantyka-Pringle et al.，2017）。然而，当前关于海岛生态系统健康的专门研究总体还较少，仅可见于 Wu 等（2018）和 Hafezi 等（2020）和其他部分案例研究报道。

2）生态系统韧性

"韧性"一词对应着英文中的"resilience"，在工程学、心理学、经济学、生态学领域具有较为广泛的研究（Gunderson et al.，2002；Herrera et al.，2016；Riehm et al.，2021；关皓明等，2021）。该英文单词以往多翻译为"恢复力"（孙晶等，2007；温晓金等，2015）或"弹性"（彭少麟，2011；刘晓平等，2016）；近年来，"韧性"逐渐代替了"恢复力"或"弹性"作为"resilience"的中文对应词（徐耀阳等，2018；刘志敏等，2021）。这一方面是由于"resilience"本身的内涵不断发展，另一方面"韧性"拥有着比"恢复力"和"弹性"更为全面的含义，且与"resilience"更加契合。此外，"脆弱性"（vulnerability）从内涵上也可以看作"韧性"的反义词，在国内外也有诸多相关研究工作（Adger，2006；Füssel，2007；徐广才等，2009；池源等，2015a）。

生态韧性最早由 Holling（1973）开展专门研究，被定义为生态系统可以吸收各类状态变量、驱动变量和参数的变化而自身保持不变的能力；之后的一些学者认为生态韧性是指生态系统受损后在一定时间内恢复的能力（Westman，1978；Stringham et al.，2003）。截至目前，国内外学者开展了大量的生态韧性研究工作，随着认识的不断深入，生态韧性的内涵也不断扩展，经归纳可包含以下三个方面：①一定时空尺度下的生态系统面临着明确的、高强度的外界干扰；②生态系统各组分和整体在高强度的外界干扰下表现出的"不被改变"或"不易受损"的特征；③ 在外界干扰下受损的生态系统通过自身调节能力并(或)在外力作用下恢复至受损前状态或向好的状态发展的能力和速率(Walker et al.，2004；Derissen et al.，2011；Sasaki et al.，2015；王文婕等，2015；刘晓平等，2016；Liu et al.，2019；魏石梅等，2021；Rocha et al.，2022；Yuan et al.，2022)。相比"恢复力"和"弹性"而言，"韧性"一词能够更加准确地表示出上述三方面的内涵。

生态韧性在自然科学中开展了深入研究，用于定量描述各类自然生态系统在面临外界干扰时的响应和适应特征，如生态水文状态面临干旱时的韧性(Liu et al.，2019)、森林生态系统遭受砍伐或林火等干扰后的生态韧性(Hirota et al.，2011)、湖泊生态系统面临营养盐过量输入引起的富营养化和藻类水华时表现出的生态韧性(Blindow et al.，2010)、湿地生态系统面临洪水时的生态韧性(Cai et al.，2011)、海洋生态系统在过度捕捞和污水输入时表现出的生态韧性(Marcos et al.，2011)等。此外，生态韧性也被广泛应用于自然-社会交叉科学，重点关注各类人工生态系统面临各类外界干扰时的韧性，如社会-生态系统韧性(Carpenter et al.，2005；Biggs et al.，2015；Amadu et al.，2021；黄暄皓等，2021)、城市韧性(Marien，2005；Leichenko，2011；魏石梅等，2021；王少剑等，2021)、生态工业园韧性(Li et al.，2017；Valenzuela-Venegas et al.，2018)。可以发现，在人工生态系统语境中，"韧性"一词相比另外二词也更加恰当。在人类活动强度不断增强的今天，许多海岛实际上已经成为了自然-社会复合生态系统(池源等，2015a；Chi et al.，2020a)，再加上海岛复杂的外界干扰和明显的脆弱性，生态韧性在海岛上的研究是可行且必要的。然而，当前海岛生态系统韧性的研究鲜见报道。

1.2.1.2 海岛生态系统健康和韧性的概念

基于上述研究进展，结合海岛典型特征，可得：海岛生态系统健康是指能够反映各类生态功能的、在一定时空尺度下的、融合了海岛各关键生态要素而呈现出的综合状态，也是测度海岛生态系统韧性的基础。海岛生态系统韧性是指面对各类自然和人为干扰时海岛生态系统保持"不受损"的能力以及受损后在自身调节和外界干预作用下的恢复力，基于海岛生态系统健康并通过辨识生态系统健康在各类外界干扰作用下的变化程度进行测度。

1.2.2　海岛生态系统关键要素与综合评估

1.2.2.1　海岛生态系统关键要素研究进展

1) 生物

生物多样性是海岛生态系统最基础、最核心的要素，生物多样性维护也是海岛最重要的生态功能。国外的海岛生物多样性研究开展时间相对较早，20 世纪 60 年代，MacArchur 和 Wilson（1963，1967）提出了岛屿生物地理学理论，定量阐述了海岛物种丰富度与面积（area）和隔离度（isolation）的关系；该理论提出后引起了学术界的强烈关注，由于其简明性和普适性被迅速传播，并应用于大陆上的"生境岛屿"，成为生物多样性保护的重要理论依据（王虹扬等，2004；Jonathan et al.，2010；Zhang et al.，2021b）。此后，国外的研究者对海岛生物多样性一直保持着较高的关注。2017 年，Patiño 等在岛屿生物地理学理论提出 50 周年之际，在 *Journal of Biogeography* 上发表论文，提出了新时期关于岛屿生物地理学的 50 个基本问题，涉及海岛生物多样性格局、物种迁移和灭绝、群落生态、外来入侵、保护策略等方面（Patiño et al.，2017）。近年来，国外诸多学者基于大空间尺度和大量的海岛样本，探讨了全球气候变化和人类活动影响下海岛生物多样性的空间格局（Helmus et al.，2014；Weigelt et al.，2016；Whittaker et al.，2017；Craven et al.，2019）。诸多结果表明人类活动促进了物种在海岛与外界之间的迁移，加速了海岛物种的灭绝，已成为海岛生物多样性空间格局的重要控制因子（Helmus et al.，2020）。然而，具体的影响过程和机制仍待进一步的探索。

我国海岛人类活动总体较为剧烈且具有明显的空间异质性，为研究不同类型、不同强度人类活动影响下海岛生物多样性的空间格局提供了绝佳场所。然而，我国海岛生物多样性研究尚处于起步阶段，研究总体较少且多为小范围内的案例研究。我国的相关研究可始于李义明和李典谟（1994）在舟山群岛开展的兽类物种多样性的调查分析。截至目前，国内的研究一方面集中于对海岛物种进行调查、统计和对比分析上（熊高明，2007；马成亮，2007；谢聪等，2012；高浩杰等，2015；何雅琴等，2021a，2021b）。另一方面，关于海岛生物多样性及其影响因子的研究也取得了一定的成果，陈小勇等（2011）将进化因素整合进岛屿生物地理学理论中，为海岛生物多样性数据重新分析提供了一个具有可行性的新方法；Chi 等（2016，2019c，2020c）针对全球变化背景下海岛植物多样性的空间格局问题，识别出海岛群特有的不同尺度下的多重梯度系统，包括形态、邻近度、景观、地形、气象、土壤和植被 7 个方面 20 余个梯度因子，并分析了我国不同类型海岛(无居民海岛和有居民海岛、基岩岛和泥沙岛)植物多样性在多重梯度系统下的空间分布格局并辨识了关键梯度因子;Si 等(2022)发现进化学过程导致海岛动物群落聚集的构建机制,从群落结构层面拓展了岛屿生物地理学理论。

由于短时间内动物种群的变动更加迅速,海岛生物多样性的早期研究多关注海岛动物。但近年来,海岛植物多样性引起越来越多的关注(Ibanez et al.,2018;Craven et al.,2019;Cámara-Leret et al.,2020)。这可能是基于以下三方面的原因:①在长时间尺度上,海岛格局与植物群落演变的契合性更加有迹可循;②植物作为生态系统的生产者,在生态系统中扮演着重要的角色,决定和指示着海岛基本生态功能;③相比海岛动物,海岛植物的调查监测相对简单,且部分植被参数可借助遥感等技术手段进行长期监测。本研究亦将植被作为海岛关键生态要素之一开展专门的研究。

2)景观

海岛明显的隔离性造成了海岛现场生态调查难度大、成本高的特点,也使得海岛生态本底数据具有明显的不易获取性,而遥感和地理信息技术的快速发展为开展海岛生态系统时空监测提供了快速、准确且低成本的方法。海岛景观是各类自然和人为因子作用于海岛地表特征上的宏观表现,遥感影像可直接作为海岛景观的数据来源,长时间序列、高分辨率的遥感影像数据可为解译海岛景观时空格局提供丰富的数据。因此,近年来国内外诸多学者开展了不同时空尺度下海岛景观格局变迁及其生态效应的研究。Chi 等(2018a)在岛群、海岛、岛内三个尺度上研究了庙岛群岛 10 个有居民海岛的景观格局,并剖析了景观格局在不同尺度上的生态效应;Xie 等(2018)以舟山群岛中的朱家尖岛为研究区,探讨了桥梁建设连接舟山本岛和大陆后海岛景观格局的变迁特征;Gil 等(2018)以亚速尔群岛皮库岛为研究区,分析了在家畜养殖快速发展的背景下与牧场相关的地表覆盖的时空变化特征;Kefalas 等(2019)研究了地中海伊奥尼亚群岛近 30 年以来不同环境、社会和经济因子影响下土地利用的时空变迁;Shifaw 等(2019)分析了福建平潭岛在综合试验区计划实施前后海岛土地利用变化及其对生态系统服务的影响;Sun 等(2020)基于 Landsat 系列卫星遥感影像,剖析了 1990—2015 年海南岛景观格局变迁,并评估了基于景观格局的海岛生态环境质量变化特征;Ding 等(2020)搭建了包括自然、人为、海岸压力三个维度共 12 个指标的景观特征评价指标体系,以崇明岛南部区域为研究区开展了景观特征评价,并将研究区划分为 6 个景观大区、18 个景观子区和 87 个景观小区;Chen 等(2021)以舟山群岛主岛——舟山岛为研究区,采用 Landsat 系列卫星遥感影像,揭示了 1984—2020 年海岛景观类型变迁,并分析了各类景观类型重心的时空位移特征。

海岛景观格局研究已成为判断海岛地表特征时空变化、揭示海岛人类活动空间特征及其生态效应的重要手段，以不同的景观类型来代表不同的人类活动、以景观格局变迁代表人类活动的变化。然而，同种景观类型内部的空间差异性以及海岛景观与其他生态要素之间的内在联系还缺少深入的研究。

3）土壤

土壤是海岛生态系统的基底，为海岛不同类型有机体提供生存空间，与植被生长密切相关，并与其共同构成海岛植被-土壤系统。然而，相对海岛生物和景观而言，海岛土壤得到的关注和研究总体较少，这与海岛土壤的重要性不相匹配。这一方面是由于海岛土壤远不如海岛生物具有研究显示度，较早形成了诸多重要理论，另一方面也难以像海岛景观一样直接借助遥感手段进行监测和研究。近几年来，针对海岛土壤的研究逐渐涌现。Atwell 等（2018）以加勒比海的特立尼达岛为研究区，开展了海岛土壤生态系统服务研究，结果显示不合理的土地利用等因子造成了土壤质量的恶化，且土壤因子可作为海岛生态系统健康的指示因子；Martín 等（2019）研究了 2006—2017 年地中海马略卡岛土壤碳储量的时空分布特征并探讨了其变化的主要影响因子；Wilson 等（2019）以澳大利亚亚南极地区麦夸里岛为研究区，分析了土壤因子的空间特征并阐明了其关键环境因子；Chi 等（2020d）以我国庙岛群岛的无居民海岛为研究区，分析了土壤质量在海岛尺度和点位尺度上的空间分布格局，并识别了不同尺度下土壤空间格局的主要影响因子；Dinter 等（2021）对加拉帕戈斯群岛上农业用地的表层土壤重金属含量进行研究，结果显示农用化学品的使用对部分土壤重金属元素含量带来了影响，且许多区域的土壤存在重金属含量超标现象，并表现出一定的生态风险。

可以发现，随着海岛土壤重要性逐渐被认识，专门的海岛土壤调查和分析已在不同区域的案例研究中开展。然而，不同区域海岛土壤空间格局的驱动因子、海岛土壤与植被和景观的内在联系尚待进一步的研究，如何通过充分挖掘遥感影像的生态意义进行海岛数字土壤制图也亟待进行探索。

4）其他

上述三个关键要素的研究对不同区域、不同类型的海岛具有普遍性。除此之外，海岛地形地貌、水文条件等研究也可见于一些海岛。在海岛地形地貌对全球变化的响应方面，Al-Jeneid 等（2008）定量评估了全球和区域尺度下海平面上升对波斯湾巴林群岛海岸带区域的影响；Maio 等（2012）分析了美国波士顿港兰斯福岛的岸线变化对海平面上升和海岸洪水的响应特征；Sahana 等（2019）探讨了印度孙德尔本斯生物圈保护区海岛岸线在面临海平面上升以及风暴潮和热带气旋强度增强时的脆弱性特征。在海岛水文方面，Kura 等（2015）对马来西亚棉花岛地下水环境面对人为污染和海水入侵的脆弱性进行了评估；Holding 等（2016）以 43 个小岛屿发展中国家（Small Island Developing States，SIDS）为研究区，根据地下水补给量分析了全球气候变化影响下 SIDS 的地下水脆弱性特征。

1.2.2.2　海岛生态系统综合评估研究进展

1）海岛生态脆弱性

近年来，全球变化背景下的海岛生态脆弱性评估得到了国内外的广泛研究。国外重点探讨了在气候变化和海平面上升背景下（Duvat et al.，2017）以及地震（Sarris et al.，2010）、台风（Taramelli et al.，2015）、风暴潮（Ng et al.，2019）、海水入侵（Morgan et al.，2014）等自然灾害作用下海岛生态系统的脆弱性特征；同时，研究了海岛生态脆弱性在面临不同人类干扰时的响应特征，如海洋溢油（Fattal et al.，2010）、旅游活动（Kurniawan et al.，2016）、城镇化（Xie et al.，2019）、污染物排放（Farhan et al.，2012）等；此外，SIDS 的自然-社会-经济多维系统在全球变化背景下的脆弱性也引起越来越多的关注（Turvey，2007；Jackson et al.，2017；Scandurra et al.，2018）。国内的海岛生态脆弱性研究往往将人类活动作为主要外界干扰因子，研究城镇化（Chi et al.，2017a；Sun et al.，2019）、海岸工程（Chi et al.，2017a）、连陆桥梁建设（Xie et al.，2019）、旅游开发（Ma et al.，2020）等不同人类活动影响下海岛生态脆弱性的变化特征。

2）海岛生态系统服务

生态系统服务的概念及测算方法于 20 世纪 90 年代被提出以来已被广泛应用于不同生态系统类型中，且近年来在海岛生态系统中开展了实践工作。Dvarskas 等（2018）以美国纽约长岛为研究区，以社区为评价单元，讨论了捕鱼业和贝类养殖、划船娱乐、沙滩休闲等生态系统服务对社区恢复力的影响和贡献；Balzan 等（2018）研究了地中海小岛屿国家马耳他生态系统服务的容量和流动特征，结果显示土地利用强度是生态系统服务的决定性因子；Zhan 等（2019）以崇明岛为研究区，采用能值方法，分析了崇明岛城镇区和自然生态区之间生态系统服务的供给和流动，结果显示滨海湿地提供了最高的生态系统服务；Lapointe 等（2020）研究了南太平洋所罗门群岛快速城镇化背景下居民生态系统服务偏好的变化，结果显示城镇化已经改变了岛国居民与自然之间的关系，降低了人与自然的连接度；Lorilla 等（2020）以希腊伊奥尼亚群岛为例，辨识了社会和生态因子对海岛多重生态系统服务的影响，结果显示景观结构、地形和人口对生态系统服务供给的影响贡献最大，地形和人口则是影响生态系统服务需求的主导因子；Blake 等（2021）研究了马尔维纳斯群岛生态系统服务中的文化服务功能及其主要驱动因子，结果显示不同的社会人口信息和环境因子驱动着文化服务功能的空间分布。

3）海岛生态承载力和生态足迹

承载力的研究起源于人口统计学和种群生态学，当前已被广泛应用于不同生态系统类型的研究。海岛的相对独立性使得其生态承载力和生态足迹研究具有鲜明特色。Luo 等（2018）探讨了崇明岛在向"国际生态岛"转型的背景下水生态足迹的问题，结果显示农业水足迹占据研究区的绝大部分比例，且在农业结构优化的情景下农业水消耗预计降低 11.5%；Dong 等（2019）对海南岛 2005—2016 年三维生态足迹特征进行研究以揭示自然资产流量和存量的使用情况，结果显示自然资产的流量已不再满足海岛发展的需要；Wu 等（2020）以舟山群岛为研究区，分析了群岛 2010 年、2013 年和 2015 年生态足迹变化特征，结果显示城镇化发展快速提升了生态足迹，而城镇紧凑化和优化对提升海岛生态安全具有重要作用；Adrianto 等（2021）以印度尼西亚缇洞岛为研究区，采用社会–生态多维系统承载力模型评价了小型城镇海岛旅游承载力特征，其中社会承载力根据游客感知进行测度，生态承载力基于自然系统承载力进行计算，研究结果可为海岛旅游可持续性管理提供依据。

4）海岛生态系统健康

如前所述，海岛生态系统健康已开展了部分案例研究。Wu 等（2018）以东山岛为案例区，构建了针对大雨影响调控的海岛生态系统健康评价指标体系，提出了开展城镇区绿地网络系统建设的对策建议；Filho 等（2019）基于塑料碎片空间分布的历史定性和定量数据，分析了塑料碎片对太平洋海岛生态系统健康的影响，结果显示不同的太平洋岛国受到的塑料碎片影响具有明显空间差异，应进一步开展塑料碎片影响下海岛生态系统健康的研究；Hafezi 等（2020）以南太平洋岛国瓦努阿图坦纳岛珊瑚礁生态系统为研究区，构建了融合本地外界压力和全球气候变化的生态系统健康综合评估模型，并预测了若不采取有效的适应性措施，珊瑚礁生态健康将会在 2070 年受到严重威胁。

5）海岛可持续发展

海岛可持续发展意味着海岛自然生态系统得到有效保护、海岛社会生态系统得到有序发展，且保护和发展之间维持良好平衡（Chi et al.，2020b）。Gao 等（2019）以平潭岛为研究区，在"压力–状态–响应"框架下搭建了涵盖自然资源和社会经济各方面的指标体系，并基于粗糙集（rough set）和突变级数（catastrophe progression）理论对海岛生态环境可持续性进行测度，结果显示平潭岛生态环境可持续指数在 2006—2015 年间呈现先明显上升又略微下降的特征，其中在 2011 年取得最大值；Zhang 等（2021c）以舟山群岛为研究区，采用主成分分析法构建了包含气候、地质、景观、社会和生物 5 个方面共 15 个指数的指标体系，并对舟山群岛生态系统进行了综合评估，进而根据评估结果提出了不同海岛的可持续发展对策。

1.2.3　海岛空间分区

1.2.3.1　空间分区研究进展

空间分区（spatial zoning 或 protected area zoning）是空间规划（spatial planning）的基础性工作，将一定尺度下的区域划分为不同的子区域并赋予各子区域不同的保护与开发策略，逐渐成为维护生物多样性、实现空间多种用途协调发展的有效工具（McNeely，1994；Oldfield et al.，2004；Ruiz-Labourdette et al.，2010；Maksin et al.，2018；Zhuang et al.，2021）。经过几十年的理论研究和实践探索，空间分区的模式与方法不断被完善（Naughton-Treves et al.，2005；Hull et al.，2011；Lin et al.，2016）。空间分区划定的保护区最初被认为是处于自然原始状态的、禁止任何人类活动的野生动植物栖息地；随着人类活动范围的不断增大，其对自然生态系统影响日益增强且难以完全避免，人们也逐渐认识到保障生物多样性热点区域原住民生存和发展基本资源需求的重要性，当前保护区的概念已经和最初有了较大差异，已发展成为平衡生物多样性保护和其他可兼容、低强度开发利用活动的复合区域（Gonzales et al.，2003；Naughton-Treves et al.，2005；Geneletti et al.，2008；Hull et al.，2011）。空间分区往往基于区域的生物多样性、土壤、自然地理、地形、生境质量、景观资产、文化遗产、人类干扰等因子开展，且遥感和地理信息系统技术也为空间分区提供了全空间覆盖、长时间序列、易获取的数据来源和快速、简便、准确的方法（Sabatini et al.，2007；Geneletti et al.，2008；Ruiz-Labourdette et al.，2010；Hull et al.，2011；Zhang et al.，2013；Vardarman et al.，2018）。截至 2018 年 7 月，世界保护区数据库（World Database on Protected Areas，WDPA）记录了全球 238 563 个保护区，这也表明《生物多样性公约》（*Convention on Biological Diversity*）中《2011—2020 年生物多样性战略规划》爱知目标（the Aichi target of the *Strategic Plan for*

Biodiversity 2011—2020）提出的全球 17% 陆地保护目标是可实现的（Visconti et al.，2019）。与此同时，除了保护区数量和面积外，保护区的质量和生态效率也得到了广泛的重视（Saout et al.，2013）。当前，国内外诸多学者开展了不同时空尺度、不同生态系统类型的空间分区案例研究，研究结果为区域生态系统保护和可持续发展提供了重要参考（Grantham et al.，2013；White et al.，2015；Lin et al.，2016；Xu et al.，2016；Sarker et al.，2019；Zhuang et al.，2021）。然而，仍有许多区域，尤其是发展中地区的空间分区研究获得关注较少，其中之一就是海岛。

在具体实践中，基于生态系统的海岸带管理（coastal ecosystem-based management）是近几十年来国内外对于规划与管理海岸带的共同认识和追求目标（Barbier et al.，2008；王斌等，2018）。我国在海洋领域开展过的海洋功能区划、海洋主体功能区划、海岛保护规划以及近岸陆域的土地利用规划、城市总体规划、生态功能区划等均为指导海岸带合理保护与利用做出了重要贡献，但在实践工作中"基于生态系统"的根和"海岸带管理"的果之间的关系并不牢靠，基础研究和实践管理之间存在着一些脱节。近年来，我国积极实施"多规合一"的国土空间规划，全面整合以往的土地利用规划、城市总体规划、主体功能区划、生态功能区划、海洋功能区划等，力图融合各项规划、协同不同部门，实现一个区域一本规划、一张蓝图（谢英挺等，2015；方创琳，2017；陈明星等，2019）。国土空间规划明确要求应当以资源环境承载能力和国土空间开发适宜性评价（简称"双评价"）结果为基础。2020 年 1 月，自然资源部发布了《资源环境承载能力和国土空间开发适宜性评价指南（试行）》。该文件是开展"双评价"工作的纲领性文件，明确了"双评价"工作的评价目标、工作流程、成果要求等一般性规定，但同时也指出可"结合当地实际，细化补充相关要求和具体内容，提高评价的针对性和实用性"，即在具体的指标因子选择和评价方法上给特定区域的工作留下了较多的发展空间（杨帆等，2020）。在具体实践中，"双评价"的应用也存在一些问题，特别是在海岛海岸带区域，主要表现在本底数据不足、技术方法尚待细化和规范、评价结果与实际需求不匹配等方面（岳文泽等，2020；周道静等，2020）。这一方面需要全面地基于生态系统各要素和整体特征，另一方面也应当在关键技术方法上进行针对性的研发和完善，提升技术方法的科学性、可操作性和实践性。

1.2.3.2 海岛空间分区研究进展

海岛作为具有陆海双重属性且具有诸多典型特征的地理综合体，其生态系统和面临的外界干扰均具有鲜明的特征，亟待开展专门的空间分区技术方法研究。如前所述，当前可以查阅到的海岛空间分区研究主要为针对海岛周边海域的空间分区工作（Kamukuru et al.，2004；Thomassin et al.，2010；陈鹏等，2013；Lu et al.，2014；White et al.，2015；向芸芸等，2018）。一些学者针对海岛空间分区进行了初步的探索。张耀光等（2011）通过构建包含资源环境承载力、现有开发程度和未来发展潜力三个方面的指标体系，将浙江玉环和洞头及周边海域划分为优化开发区、重点开发区、限制开发区和禁止开发区；其指标体系中采用了大量的空间均质性指标，且对海岛生态系统关键要素考虑不足，因此分区结果的空间分辨率较低，大部分海岛的内部几乎没有明显的空间分区。初佳兰等（2013）以辽宁蛤蜊岛为案例区，基于最小累积阻力模型，将海岛划分为保护区、保留区、优化开发利用区、适当开发利用区；该方法仅考虑了现有景观类型和地形条件开展空间分区，且进行了主观赋值，缺乏对海岛生态系统空间特征及其外界干扰的全面分析，分区结果主观性较强。

1.3 研究目的、研究内容和拟解决的关键科学问题

1.3.1 研究目的

以海岛生态系统的空间异质性为核心，以基于生态系统的空间分区为出口，以洞头群岛为研究区，通过精准刻画海岛景观类型、规模、等级及变化过程，量化人类活动对海岛生态系统的影响及其空间特征；通过准确辨识海岛植被–土壤系统空间格局的关键影响因子并充分挖掘遥感影像的生态意义，实现植被和土壤点状数据"由点到面"的空间模拟；在上述工作基础上，通过全面考虑海岛生态系统关键要素、外界干扰及其空间异质性和内在关系，构建海岛生态系统健康和韧性模型；进而，基于海岛生态系统健康和韧性的空间数据，提出针对不同保护和利用目的的多种海岛空间分区方案，并根据不同海岛发展方向识别各岛最优分区方案。研究旨在揭示海岛关键生态要素、主要外界干扰及生态系统整体的空间变化规律，提供一套兼具全面性、准确性和适用性并直接服务于空间分区的海岛生态系统综合评估模型，为海岛国土空间规划和自然资源管理提供技术依据，为实现海岛可持续发展提供重要参考。

1.3.2 研究区选择

选择位于浙江南部海域的洞头群岛为研究区，该岛群是特有的由泥沙岛和基岩岛

构成的混合岛群，由连岛大桥依次连接形成链状的、紧密联系的统一体，且在城镇化快速发展背景下承载着复杂多样的人类活动，是开展人类活动影响下海岛生态系统分析与评估以及空间分区的绝佳场所。研究结果不仅能够帮助获取关于泥沙岛–基岩岛生态系统空间格局的一般性规律以及构建具有可推广性的评估模型，还能够直接为洞头群岛开展基于生态系统的海岛管理、实现海岛可持续发展提供参考。

1.3.3 主要研究内容

1.3.3.1 基于景观格局的海岛人类活动影响空间特征量化

（1）海岛景观类型的精准刻画：基于高分辨率遥感影像和全面的现场调查，精准刻画海岛景观类型，对岛群和各岛的景观类型进行分析。

（2）基于景观格局的海岛人类活动影响量化：辨识人类活动对海岛自然子系统的干扰和对海岛社会子系统的支撑，构建基于景观类型、规模、等级和变化过程的海岛人类活动影响量化方法，并从评价单元尺度和海岛尺度揭示人类活动影响的空间特征。

1.3.3.2 海岛植被–土壤系统的空间分析与模拟

（1）海岛植被–土壤系统空间格局及关键影响因子分析：采用单项指标和综合指标，全面测度植被–土壤系统的空间格局，筛选各类自然和人为潜在因子，辨识海岛植被–土壤系统的关键影响因子。

（2）海岛植被和土壤指标的空间模拟：选择关键植被和土壤指标，通过充分挖掘遥感影像的生态意义，构建一套包含光谱信息、生态指数、地形条件、地理位置、景观格局等因子的预测因子体系，开展植被和土壤点状数据"由点到面"的空间模拟。

1.3.3.3 海岛生态系统健康和韧性的空间评估

（1）海岛生态系统健康和韧性模型构建：基于三个关键生态要素（景观、植被和土壤）及其空间异质性，构建海岛生态系统健康模型；面向三类主要外界干扰因子（人为、地形和海洋因子）并判断其与海岛关键要素的内在关系，构建海岛生态系统韧性模型。

（2）海岛生态系统健康和韧性的空间特征评估：在评价单元尺度和海岛尺度上，评估海岛生态系统健康和韧性的空间特征；进而，分析这两个尺度上海岛生态系统健康和韧性的主要影响因子。

1.3.3.4 海岛空间分区与发展对策研究

（1）海岛空间分区：基于海岛生态系统健康和韧性的空间数据，依照不同的海岛保护与利用策略，提出多种海岛空间分区方案，将海岛分为严格保护区、一般保护区和开发利用区；根据不同海岛的发展方向以及生态系统健康和韧性的评估结果，识别海岛空间分区的最优方案。

（2）海岛发展对策：基于景观结构现状分析，提出海岛开发利用规模调控对策；基于情景分析，提出不同海岛的人类活动调控对策；结合研究区近期发展规划，提出不同空间分区的发展策略。

1.3.4 拟解决的关键科学问题

（1）如何融合多源遥感和实测数据，开展海岛景观、植被和土壤的空间分析与模拟，实现海岛关键生态要素在不同尺度的空间异质性表达？

（2）基于海岛生态系统关键要素、外界干扰及其内在关系，如何构建兼具全面性和适用性的海岛生态系统健康和韧性模型？

（3）根据海岛生态系统健康和韧性的空间数据，如何提出针对不同目标的海岛空间分区多种方案？如何结合不同海岛的发展方向识别各岛最优的分区方案？

1.4 技术路线

技术路线见图1-1。共分为四个部分、七个章节。

第一部分为海岛生态系统研究总述，由第1章和第2章构成：第1章"绪论"阐述研究背景、研究意义、相关研究进展、主要研究内容等；第2章"研究区与数据来源"对研究区概况和数据来源情况进行介绍。

第二部分为海岛生态系统关键要素空间特征分析与模拟，聚焦于海岛三个关键生态要素，即景观、植被和土壤，由第3章和第4章构成：第3章"基于景观格局的海岛人类活动影响空间特征量化"关注海岛景观，通过分析海岛景观类型、规模效应、利用等级和变化过程，量化人类活动对海岛生态系统的影响及其空间特征。本章研究结果能够：①提供各类景观指数，作为下文进行植被和土壤点状数据空间模拟的部分预测因子；②揭示海岛景观格局特征，作为下文海岛生态系统健康评估中的关键要素；③量化海岛人类活动影响，作为下文开展海岛生态系统韧性评估的干扰因子。第4章"海岛植被-土壤系统的空间分析与模拟"关注海岛植被和土壤，通过分析海岛植被-土壤系统的空间格局并辨识其关键影响因子，建立基于现场调查的点状数据与基于遥

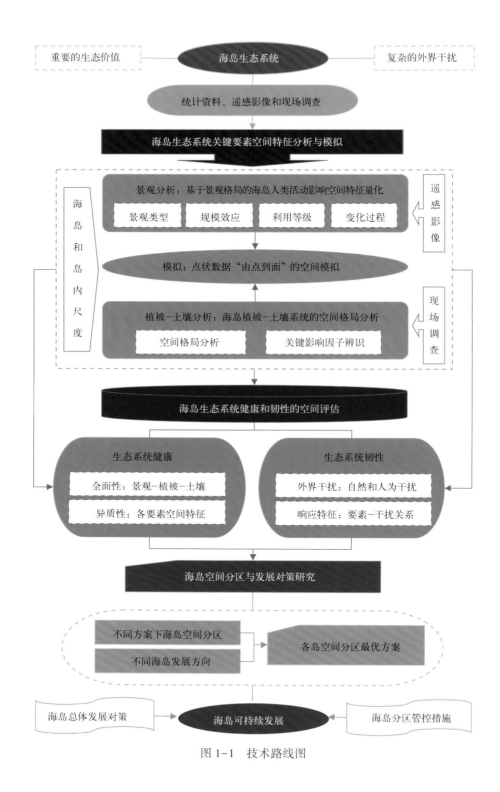

图 1-1　技术路线图

感影像的面状数据的耦合关系，并模拟点状植被和土壤因子的面状分布特征。本章基于第 3 章的研究成果开展空间模拟，研究结果能够：①揭示海岛植被和土壤空间特征，作为下文海岛生态系统健康评估中的关键要素；②辨识海岛生态系统各类影响因子，为下文开展海岛生态系统韧性评估提供参考。

第三部分为海岛生态系统健康和韧性的空间评估，由第 5 章构成。全面考虑海岛景观、植被和土壤及其空间分异性特征，构建海岛生态系统健康模型；通过辨识海岛生态系统健康面对各类自然和人为干扰时的变化特征，构建海岛生态系统韧性模型；进而，采用该模型评估海岛尺度和评价单元尺度上海岛生态系统健康和韧性的空间特征。本章基于第二部分中关键要素的空间数据，研究结果为下文开展海岛空间分区奠定基础。

第四部分为海岛空间分区与发展对策研究，由第 6 章构成。基于第三部分得到的海岛生态系统健康和韧性的空间数据，针对不同保护和开发侧重程度，制定多种海岛保护与利用空间分区方案；根据不同海岛发展方向的差异，识别各岛最优的空间分区方案；进而，提出海岛总体发展对策和分区管控规则，为实现海岛可持续发展提供依据。该部分是对前三部分研究内容的提炼、总结和提升，也是将海岛生态基础研究成果应用于海岛可持续发展具体实践的关键。

第 7 章为主要结论。

第 2 章　研究区与数据来源

2.1　研究区

2.1.1　研究区概况和海岛组成

2.1.1.1　研究区概况

　　洞头群岛隶属于温州市洞头区，位于浙江省南部海域，瓯江入海口处，东临东海，南与温州瑞安市的北麂山列岛、大北列岛一水相连，北与台州玉环市隔海相望（图 2-1）。其位于亚热带海洋性季风气候区，年平均气温和降雨量分别为 17.9℃ 和 1 410.6 mm，夏季高温多雨，冬季温暖少雨，四季分明（梁海，2019）。周边海域受台湾暖流、闽浙沿岸流和瓯江径流的交替影响，营养盐输入丰富，加上复杂的地形所形成上升流，使得海域浮游生物丰富，也让该区域成为浙江沿海的重要渔场（王一农等，1994；姚炜民等，2007；陈雷，2009）。洞头海区是我国强潮区之一，潮汐属正规半日潮，潮流主要为往复流。由于区域海湾和岬角众多，该海区具有多紊流、多潮流的特点。此外，洞头群岛的遮挡作用使得海浪对内侧水域的侵袭较弱（高倩等，2009；朱旭宇等，2013）。

　　洞头区是温州的海上门户，浙江省海上南北交通的要冲，是浙江沿海到台湾省基隆市海上航线距离最短的直航港口（李红，2015）。该区自然资源丰富，是国家 4A 级旅游景区和浙江第二大渔场。截至 2020 年底，洞头全区户籍人口 15.45 万人，其中城镇人口 6.21 万人，乡村人口 9.24 万人；2020 年全区地区生产总值 114.42 亿元，人均地区生产总值 73 949 元，三次产业结构比 5.7∶41.5∶52.8。2015—2019 年，全区地区生产总值年增长率持续大于 8%；2019—2020 年，年增长率为 6.9%（洞头区统计局，2021）。

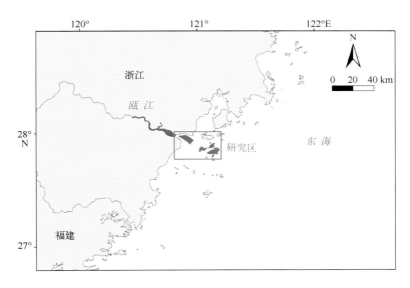

图 2-1　洞头群岛区位

2.1.1.2　海岛组成

选择洞头群岛中的 10 个海岛作为研究对象（图 2-2）。这 10 个海岛总体呈链状，由连岛大桥互相连接，形成了各岛之间紧密联系的、有机统一的岛群生态系统。连岛大桥始建于 20 世纪末和 21 世纪初期，经过 20 年来不断发展完善，将研究区的 10 个海岛与大陆相连接。按照沿连岛大桥由大陆向海岛的顺序，依次将 10 个海岛编号定为 Is . 1 至 Is. 10（图 2-2，表 2-1）。根据海岛物质构成，灵昆岛（Is. 1）为泥沙岛，其余 9 个海岛为基岩岛。根据人类居住状况，浅门山岛（Is. 3）和深门山岛（Is. 4）为无居民海岛，其余 8 个海岛为有居民海岛。整个洞头群岛由 14 个有居民海岛和数量众多的无居民海岛构成，研究区 10 个海岛构成洞头群岛的主体，占据了整个洞头群岛 65% 以上的面积和 75% 以上的人口，对反映洞头群岛生态系统整体状况具有代表性。该区也是洞头群岛的核心区域，灵昆岛（Is. 1）是整个洞头群岛面积最大的海岛，洞头岛（Is. 8）是区政府所在海岛，是全区政治、经济和文化中心。为便于理解，下文将本研究中的 10 个海岛称为"洞头群岛"。

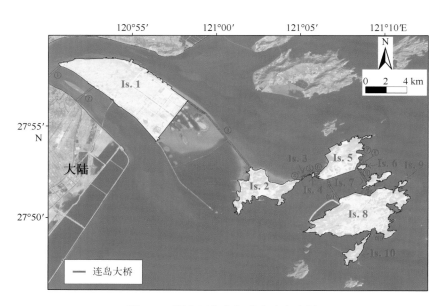

图 2-2 研究区海岛组成和连岛大桥

图中 Is. 1 至 Is. 10 为研究海岛，①至⑫为连岛大桥；大陆是指温州市的大陆区域

表 2-1 研究区海岛基本信息

海岛编号	海岛名称	面积/hm²	岸线长度/km	海岛类型
Is. 1	灵昆岛	4 525.79	38.34	泥沙岛、有居民海岛
Is. 2	霓屿岛	1 204.05	31.34	基岩岛、有居民海岛
Is. 3	浅门山岛	8.21	2.29	基岩岛、无居民海岛
Is. 4	深门山岛	10.06	1.58	基岩岛、无居民海岛
Is. 5	状元岙岛	1 111.78	24.68	基岩岛、有居民海岛
Is. 6	花岗岛	31.11	3.02	基岩岛、有居民海岛
Is. 7	大三盘岛	173.35	12.44	基岩岛、有居民海岛
Is. 8	洞头岛	2 861.90	49.55	基岩岛、有居民海岛
Is. 9	胜利岙岛	36.23	4.02	基岩岛、有居民海岛
Is. 10	半屏岛	247.79	13.96	基岩岛、有居民海岛
共计		10 210.26	181.24	

2.1.1.3 海岛地质环境

1）泥沙岛

泥沙岛即灵昆岛（Is.1）。根据《中国海域海岛地名志·浙江卷》（潘国富等，2020），清光绪《永嘉县志·卷二》"瓯海"条云："有双昆山为海门，遂入于海，海山之际常有蜃气凝结，忽为楼台城橹，忽为旗帜甲马锦幔，光彩动人。"当地人以为灵气所钟，遂以"灵"字名山，故有大灵昆、小灵昆之称，全称灵昆山，岛以山名。"瓯江口"下注称："口在府城之东九十里，有二洲曰：大灵昆、小灵昆。"沙洲依山逐年向东淤积伸展，面积日渐扩大，合二为一，形成灵昆岛。又有曹凌云（2019）描述："约在5世纪，受气候影响，瓯江口一带海面下降，河口泥沙淤积，瓯江平原渐渐显现，瓯江入海口中有两座名为单昆、双昆的孤岛，在明隆庆年间（1567—1572年），面向海洋的东侧淤积成两片沙洲，有先民在沙洲上垦田种植农作物。清光绪年间（1875—1908年），两个沙洲连成一片，并继续向东扩张，形成了沉厚、黏重、匀细的浅海滩涂。"综上可知，灵昆岛起源于单昆山和双昆山（即目前位于海岛西端的两座小山体），两座山由基岩构成，可以认为灵昆岛的形成依托于基岩，故《浙江省海岛保护规划（2017—2022年）》中指出"浙江地处中纬度地带，海岛多分布于近岸浅海区，系浙东雁荡山、天台山山脉延伸入海的一部分，均为基岩岛，地质构造与浙东沿海地区基本一致。"然而，基岩区域仅占灵昆岛西侧的极小部分，灵昆岛的绝大部分区域是由泥沙构成，《中国海域海岛地名志·浙江卷》（潘国富等，2020）中描述灵昆岛"由瓯江河口泥沙冲积而成，组成物质主要是粉砂、沙泥互层和粉砂质黏土"；《温州市海岛简志》（李红，2015）中则明确指出灵昆岛为"江口沙洲岛"。海岛表现出泥沙岛的一般特征，地势平坦，以滨海盐土、潮土和水稻土为主要土壤类型，农业开发剧烈，岸线变迁明显，滨海湿地发育且具有重要生态功能。因此，灵昆岛可以看作"起源于基岩、由泥沙构成其主体"的泥沙岛。

2）基岩岛

基岩岛包括Is.2至Is.10，属于浙东地质构造隆起带的组成部分，系雁荡山入海的分支，地层主要为中生界上侏罗统及第四系洪积海积层，燕山晚期火成岩较发育（周航，1998）。海岛地形多丘陵，出露岩石多系火山凝灰岩和钾长花岗岩，以红壤土和滨海盐土为主要土壤类型（潘国富等，2020）。霓屿岛（Is.2）出露岩石绝大部分为上侏罗统高坞组熔结凝灰岩，仅岛东北端出露燕山晚期钾长花岗岩；浅门山岛（Is.3）出露岩石为凝灰岩；深门山岛（Is.4）出露岩石为晚侏罗世流纹质玻屑凝灰岩、晶屑玻屑熔结凝灰岩夹沉积岩；状元岙岛（Is.5）出露岩石北部及东南部以流纹斑岩为主，中、西南部以凝灰岩为主，东部尚有钾长花岗岩出露；花岗岛（Is.6）出露岩石为燕山晚期钾长花岗岩；大三盘岛（Is.7）出露岩石为上侏罗统西山头组熔结凝灰岩夹凝灰质砂岩、粉砂岩，出露的晚侏罗世潜火山岩为霏细斑岩；洞头岛（Is.8）大部分为上侏罗统高坞组和西山头组熔结凝灰岩覆盖，燕山晚期侵入的二长花岗斑岩和钾长花岗岩分别出露于岛的西部和东北端，晚侏罗世潜霏细斑岩仅分布于岛的西部；胜利岙岛（Is.9）出露岩石为上侏罗统高坞组熔结凝灰岩及燕山晚期钾长花岗岩；半屏岛（Is.10）出露岩石为上侏罗统高坞组熔结凝灰岩，岛西部出露的燕山晚期侵入岩为石英正长斑岩（潘国富等，2020）。

2.1.1.4 本研究的时间区间和空间尺度

时间区间：以 2017—2018 年为主要研究时间点，所用数据均为 2017 年和 2018 年数据；此外，采用 20 世纪 80 年代（1984 年）的遥感数据作为基准数据，以判断 30 余年来海岛轮廓和生态状况的变化。

空间范围：以所选取的 10 个海岛为研究范围，基本以海岛岸线作为空间边界；在泥沙岛的部分岸线区域，湿地植被发育良好，以具有稳定植被覆盖的外边缘作为空间边界。

研究尺度：从海岛和岛内两个尺度开展研究。海岛尺度是岛群中各岛天然形成的研究尺度，以海岛整体作为研究单元。岛内尺度的研究从点位尺度和评价单元尺度两个方面开展。点位尺度即基于现场调查取样的点位数据进行研究；评价单元是指在海岛内部划定的、形状规则的最小空间单元，也是开展海岛生态系统空间分析、模拟、评估与分区的基本单元。

评价单元：评价单元大小的确定直接决定了研究结果的分析计算和空间显示。一般而言，评价单元越小，空间分辨率越高，数据量也越大；评价单元越大，空间分辨率越低，数据量越小（Chi et al.，2018c）；对于景观特征复杂区域，评价单元大小的不同可能会产生尺度效应，从而对模拟和评价结果产生影响（Chi et al.，2019a，2019b）；此外，研究区面积大小和遥感影像分辨率也是需要考虑的因素。对于本研究区而言，各岛面积总计 10 210.26 hm²（102.10 km²），总体上属于小空间尺度的研究，因此评价单元应当尽可能地小；所采用的 Landsat 系列卫星多光谱数据分辨率为 30 m，说明评价单元大小应当大于 30 m；以往研究表明，在景观特征复杂的河口区域，100 m 或 200 m

的单元对于开展生态模拟和评估具有较好的效果(Chi et al., 2018c, 2019b)。综合考虑上述因素，本研究采用 100 m×100 m 的评价单元进行空间分析、评估和分区，将多源遥感影像和现场调查数据提取至各评价单元内，可实现不同空间分辨率数据的融合。通过 ArcGIS 10.0 的 Fishnet 工具，在研究区共生成 11 258 个评价单元。

2.1.2 研究区典型特征

2.1.2.1 由泥沙岛和基岩岛构成的混合岛群

泥沙岛和基岩岛是根据物质类型划分的两种主要海岛类型(共三种，另一种为珊瑚岛)。泥沙岛主要位于河口近岸区域，在剧烈的陆-河-海交互作用下由泥沙堆积形成；基岩岛由不同形态的基岩构成其主体，数量众多，且不同基岩岛之间面积差异较大。泥沙岛和基岩岛占据我国海岛总数的95%以上，两种类型海岛均具有海岛生态系统的共有特征，但也表现出各自的独特性。研究区同时拥有泥沙岛和基岩岛两种海岛类型，具有两种海岛类型的典型特征。由于瓯江输送的泥沙在瓯江口不断堆积以及人工促淤和围垦，灵昆岛(Is. 1)的轮廓不断东延；海岛地形平坦，冲积平原是其主要地貌类型；岛内种植大面积农作物，岛岸发育湿地植被；人类开发利用活动遍布全岛，包括农田开垦、城乡建设、围填海、海水养殖、沿海工业等。其他海岛均为基岩海岛，地形较为复杂，以剥蚀丘陵为主要地貌类型；岛上发育天然植被，并有较大规模人工林；人类开发利用主要集中在地势低平和离岸较近的区域，以城镇和港口建设为主要类型。"洞头群岛"原指瓯江口外的基岩海岛群(洞头列岛)，不包括位于瓯江口的灵昆岛；随着连岛大桥将灵昆岛与洞头列岛相连以及 2015 年洞头"撤县设区"并将灵昆岛划入洞头区的行政管辖范围，灵昆岛与洞头列岛关系愈加密切，形成了包含泥沙岛与基岩岛的"洞头群岛"。

2.1.2.2 由连岛大桥连接形成的有机统一体

在 21 世纪以前，连岛大桥尚未建立，海岛隔离性明显，与大陆主要通过船舶相连接。相应地，海岛人类活动强度总体较低，以农渔业为主要经济活动类型。在 21 世纪初，连岛大桥陆续建立并将海岛与大陆连接，海岛对外交通能力明显提升，且城镇化速度不断加快。近 10 年来，洞头区的设立和温州市"半岛工程"的推进使得洞头群岛由一个相对孤立的海岛县逐步转变为温州市重要且不可或缺的一部分，连岛大桥不断发展完善，目前已形成了由灵昆大桥(图 2-2 中的①，下同)、南口大桥②、灵霓大堤③、浅门大桥④、窄门大桥⑤、深门大桥⑥、状元大桥⑦、花岗大桥⑧、洞头大桥⑨、三盘大桥⑩、半屏大桥⑪和洞头峡大桥⑫构成的连岛大桥体系。连岛大桥将不同海岛互相连接，构成一个链状的、总体呈西北—东南走向的岛群，人们可通过连岛大桥由大陆依次抵达 Is. 1 至 Is. 10，也使得岛群成为一个相互联系、相互作用的有机统一体。

2.1.2.3 具有复杂多样且空间异质性明显的人类活动

研究区人类活动类型复杂多样，包括城乡建设、农田开垦、围填海、码头建造、公路修建、人工林种植、开山采石等。人类活动的类型、规模和强度在不同海岛之间以及海岛内部不同位置均表现出了明显的空间差异。城乡建设在面积较大的海岛上，如灵昆岛（Is. 1）和洞头岛（Is. 8），总体较为剧烈，在泥沙岛内部呈现整体分散、局部集中的状态，在基岩岛内部集中分布于地势低平区域；农田开垦在泥沙岛上较为普遍，覆盖了海岛大部分区域，在面积较大的基岩岛上呈分散分布状态，而在面积较小的基岩岛上未有分布；围填海主要见于灵昆岛（Is. 1）的东侧区域、霓屿岛（Is. 2）的南侧区域、状元岙岛（Is. 5）的南侧和北侧区域以及洞头岛（Is. 8）的北侧区域；码头在大部分有居民海岛上均可见，并集中分布于状元岙岛（Is. 5）北侧的状元岙港区；公路遍布各岛不同区域，连接了不同海岛以及海岛内部的不同区域；人工林种植在基岩岛上分布广泛，并主要分布于山地区域，在泥沙岛上相对较少；采石区分布于面积较大的基岩岛上，特别是在霓屿岛（Is. 2）上较为剧烈。丰富多样的人类活动涵盖了目前我国海岛开发利用的主要类型，其分布于具有明显边界的海岛上，对海岛自然生态系统造成了深刻的影响。同时，人类活动的类型、规模和强度在不同海岛上和海岛内部表现出了明显的空间异质性，使得海岛生态系统对人类活动的响应也具有空间差异。

当前，关于研究区海岛生态系统的研究相对较少，且主要是关注周边海域的生物群落和环境质量（王一农等，1994；姚炜民等，2005，2007；陈雷等，2009；高倩等，2009；朱旭宇等，2013；梁海，2019；陈星星等，2020），关于洞头群岛生态系统的综合研究亟待开展。

2.2 数据来源

本研究的主要数据见表2-2。

表 2-2　本研究数据列表

类型	内容	描述
统计资料	自然环境	大气、水、气象气候、地质地貌、土壤、生物以及各类自然资源状况
	社会经济	经济、人口等社会经济数据
	人类开发利用活动	城乡建设、港口码头建造、桥梁建设、农业开发、围填海、人工林种植等人类活动的过程和现状
遥感影像	Landsat 系列卫星	1984 年 Landsat 5 卫星遥感影像、2017 年 Landsat 8 卫星遥感影像；多光谱波段分辨率 30 m
	SPOT 卫星	2017 年 SPOT 6 卫星数据：分辨率 1.5 m
	Terra 卫星	Aster GDEM v2 地形数据：分辨率 30 m
现场调查	景观类型现场验证	根据现场验证结果修正海岛景观类型，得到高精度的海岛景观类型矢量图
	现场调查取样	111 个点位：乔、灌、草各层物种信息调查；土壤表层（0~20 cm）取样和测试

2.2.1　统计资料

收集研究区的各类统计资料，包括：

（1）自然环境：大气、水、气象气候、地质地貌、土壤、生物以及各类自然资源状况；

（2）社会经济：经济、人口等社会经济数据；

（3）人类开发利用活动：城乡建设、港口码头建造、桥梁建设、农业开发、围填海、人工林种植等人类活动的过程和现状。

相关资料由统计年鉴、统计公报、文献资料以及现场调研调访获取。

2.2.2　遥感影像

2.2.2.1　Landsat 系列卫星

Landsat 5 和 Landsat 8 卫星分别发射于 1984 年 3 月和 2013 年 2 月，其遥感数据为开源数据，由 NASA 和 USGS 向公众提供。Landsat 卫星数据具有丰富的光谱信息，其多光谱数据的空间分辨率为 30 m。分别采用 Landsat 5 卫星在 1984 年的遥感影像和 Landsat 8 卫星在 2017 年的遥感影像；其中，1984 年的遥感影像用以提取大规模围填海活动开展前的海岛轮廓，2017 年的遥感影像用于获取各类基于光谱反射率的生态指数。

基于 ENVI 5.3 和 ArcGIS 10.0，通过辐射定标、大气校正、图片剪切等操作，获得各波段的光谱反射率。

2.2.2.2　SPOT 卫星

SPOT 6 卫星发射于 2012 年 9 月，其遥感影像的全色波段和多光谱波段的空间分辨率分别为 1.5 m 和 6 m。采用 2017 年数据，并通过 ENVI 5.3 中的 Image Sharpening 工具将其全色波段和多光谱波段进行融合，得到了空间分辨率为 1.5 m 的覆盖研究区的真彩色影像，进而基于 ArcGIS 10.0，通过目视解译法，对海岛景观类型进行刻画。

2.2.2.3　Terra 卫星

Terra 卫星发射于 1999 年 12 月，根据其观测数据生成的 Aster GDEM v2 数据于 2011 年由 NASA 向公众免费发布，空间分辨率为 30 m。基于 ArcGIS 10.0，可由 GEDM 数据中提取出海拔（altitude，Al）、坡度（slope，Sl）和坡向（slope aspect，As）的空间数据。其中，原始坡向值按 0°~360°顺时针增大，0°为正北，180°为正南。以向阳性为原则，按照下式进行标准化（Chi et al.，2016）：

$$SA_s = \frac{1 + \cos\left(\dfrac{OA_s - 180}{180} \times \pi\right)}{2} \tag{2-1}$$

式中，SA_s 为标准化坡向值；OA_s 为原始坡向值。标准化坡向值越大，坡向越接近正南。下文所使用的 A_s 均指的是标准化坡向值。

2.2.3　现场调查

现场调查于 2018 年 9 月开展，主要包括景观类型现场验证和植被–土壤现场调查取样两方面工作。

2.2.3.1　景观类型现场验证

首先，遥感影像的目视解译存在一些无法确定其类型的区域，在现场验证过程中对不确定区域进行逐一调查；其次，对研究区各海岛、海岛内部各区域尽可能地进行全覆盖的现场验证；最后，根据现场验证结果修正海岛景观类型，得到最终具有高精度的海岛景观类型矢量图。

2.2.3.2　植被–土壤现场调查取样

根据海岛面积、地形条件、群落类型以及可达性和代表性布设调查点位，共开展了 111 个点位的现场调查和取样工作（图 2–3）。具体来讲，大岛往往拥有更多的调查

点位，且调查点位在海岛上总体呈均匀分布状态；每个调查点位均考虑了对所在区域
群落类型和地形状况的代表性；调查点位的具体位置也根据可达性进行了适当调整。
采用GPS设备记录每个点位的经纬度，采用电子罗盘记录点位的地形状况。在每个点
位上开展乔木层、灌木层和草本层的植物物种调查，测量各物种的多度、高度、盖度
和胸径(仅乔木)。在每个调查点位获取土壤表层(0~20 cm)样品，进而在实验室内对
各类土壤理化性质进行测试。

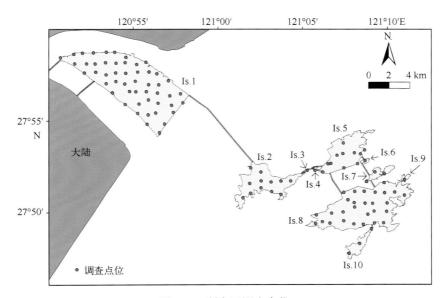

图2-3　研究区调查点位

第3章　基于景观格局的海岛人类活动影响空间特征量化

海岛景观格局是各类自然和人为因子共同作用下海岛地表特征的综合表现,从宏观上反映着海岛生态系统和人类活动特征,涉及了生境适宜性、生态连通性和景观美学等重要生态功能(Thies et al., 1999; Zheng et al., 2018; Chi et al., 2019a)。景观是海岛生态系统健康的关键要素之一,也是海岛人类活动空间特征的重要指示因子。

3.1　海岛景观类型的精准刻画

3.1.1　景观大类和小类划分

本研究基于高分辨率的遥感影像和全面的现场调查验证,精准刻画了海岛景观类型,包括 10 个景观大类和 24 个景观小类(表 3-1)。景观大类根据地表特征进行划分,每个大类均具有不同于其他大类的光谱、位置或形状,包括公路、码头堤坝、工业用地、建筑用地、硬化地面、采石区、农业用地、水域、裸地和植被;景观小类根据具体功能或成因进行细分。

3.1.1.1　公路

公路拥有 3 个景观小类,分别为岛群公路、海岛公路和本地公路。岛群公路是指通过连岛大桥连接不同海岛的、连通整个岛群的公路,海岛公路是指在面积较大的海岛上能够连接海岛内部不同区域的主要公路,而本地公路是指位于海岛内部特定区域的、长度相对较短的公路。

3.1.1.2　码头堤坝

码头堤坝包括 2 个景观小类,即码头和堤坝。二者拥有类似的光谱特征和空间分布位置,但码头的功能为海上交通,堤坝的功能为防风消浪、固定海岛轮廓形态。

3.1.1.3　工业用地

工业用地具有 2 个景观小类，分为一般工业和新能源工业。前者主要指位于岛岸和海岛内部的各类制造业企业，后者是指洞头岛（Is. 8）上位于山地坡顶的风力发电设施。

3.1.1.4　建筑用地

建筑用地是指除了上述工业用地外的各类形式的建筑，根据其承载的具体功能，可划分为居住建筑、教育建筑、商业建筑、旅游建筑和临时建筑。其中，临时建筑是指施工区域临时搭建的、后期待拆除的板房。

3.1.1.5　硬化地面

硬化地面是指没有建筑和设施覆盖的人工不透水面，包括广场、晒场、待建区等。

3.1.1.6　采石区

采石区是指山体上采挖石材的区域，仅在基岩岛上可见，特别是在霓屿岛（Is. 2）上有较大面积分布。

3.1.1.7　农业用地

农业用地主要分布于泥沙岛上，即灵昆岛（Is. 1），可分为耕地和果园两个景观小类，二者分别以水稻（*Oryza sativa*）和柑橘（*Citrus reticulata*）为主要种植作物。

3.1.1.8　水域

水域是指海岛上水体覆盖地表的各类区域，可分为一般水域、水库、养殖池、港池和临时水域 5 个景观小类。一般水域是指在研究区广泛分布的用于灌溉、排水或作为景观的池塘和水道；水库用于收集雨水和储蓄饮用水；养殖池主要分布于灵昆岛（Is. 1）的岛岸区域，目前主要养殖文蛤（*Meretrix meretrix*）和锯缘青蟹（*Scylla serrata*）等；港池是指港口区用于船舶停靠的水域；临时水域是指围填海区内目前尚未开发建设的被水临时淹没的区域。

3.1.1.9　裸地

裸地是指岩石或土壤直接裸露的区域，包括自然裸地和人工裸地 2 个景观小类。前者主要是基岩岛岸线区域的裸岩，后者指海岛边缘（含围填海区）和内部人为造成的裸露土壤。

3.1.1.10　植被

植被包括林地、灌草地和湿地 3 个景观小类。林地多为人工林，自然树种夹杂于其中，以木麻黄（*Casuarina equisetifolia*）、朴树（*Celtis sinensis*）、樟（*Cinnamomum camphora*）和台湾相思（*Acacia confusa*）等为主要树种；灌草地包括位于林地边缘或内部的天然灌草地和位于城镇区的人工绿地；湿地是指发育在海岛边缘（含围填海区）、以湿地植物为优势种且具有稳定植被覆盖的区域。

3.1.2 研究区景观类型总体特征

研究区景观类型总体特征见图 3-1 和表 3-1。

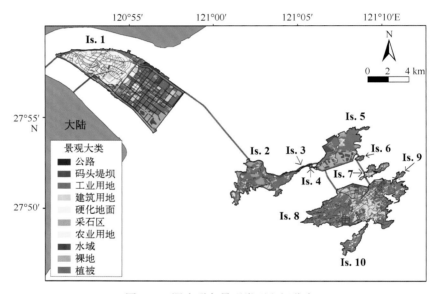

图 3-1　洞头群岛景观类型空间分布

表 3-1　洞头群岛景观大类和小类总体特征

景观大类	景观小类	面积/hm²	比例(%)
1 公路	1.1 岛群公路	193.66	1.9
	1.2 海岛公路	208.83	2.05
	1.3 本地公路	408.99	4.01
	合计	811.48	7.95
2 码头堤坝	2.1 码头	35.79	0.35
	2.2 堤坝	51.91	0.51
	合计	87.7	0.86

续表

景观大类	景观小类	面积/hm²	比例(%)
3 工业用地	3.1 一般工业	421.24	4.13
	3.2 新能源工业	1.01	0.01
	合计	422.25	4.14
4 建筑用地	4.1 居住建筑	951.57	9.32
	4.2 教育建筑	126.21	1.24
	4.3 商业建筑	59.04	0.58
	4.4 旅游建筑	14.34	0.14
	4.5 临时建筑	83.57	0.82
	合计	1 234.73	12.10
5 硬化地面		42.23	0.41
6 采石区		232.1	2.27
7 农业用地	7.1 耕地	671.59	6.58
	7.2 果园	684.83	6.71
	合计	1356.42	13.29
8 水域	8.1 一般水域	354.49	3.47
	8.2 水库	14.22	0.14
	8.3 养殖池	71.8	0.7
	8.4 港池	21.33	0.21
	8.5 临时水域	175.41	1.72
	合计	637.25	6.24
9 裸地	9.1 自然裸地	53.19	0.52
	9.2 人工裸地	1138.2	11.15
	合计	1191.39	11.67
10 植被	10.1 林地	2693.86	26.38
	10.2 灌草地	639.28	6.26
	10.3 湿地	861.56	8.44
	合计	4194.7	41.08

就景观大类而言，植被构成研究区的景观基质，面积占比达41.08%；主要分布于泥沙岛的东部区域和基岩岛的山地区域。其次为农业用地、建筑用地和裸地，面积占比分别为13.28%、12.09%和11.67%；农业用地绝大部分位于泥沙岛的西侧区域，零星分布于基岩岛上；建筑用地广布于泥沙岛上，在基岩岛上集中分布在地势低平区域；裸地主要分布于岛岸围填海的未利用区。其余的景观大类面积占比均小于10%；公路

（面积占比 7.95%）可见于研究区各岛，且在面积较大海岛上分布较多，如灵昆岛（Is.1）和洞头岛（Is.8）；水域（面积占比 6.24%）和工业用地（面积占比 4.14%）主要分布在灵昆岛（Is.1）、状元岙岛（Is.5）和洞头岛（Is.8）上；采石区（面积占比 2.27%）仅可见于基岩岛的山地区域；码头堤坝（面积占比 0.86%）和硬化地面（面积占比 0.41%）面积很小，前者位于海岛岸线位置，后者分散在岛内不同区域。

就景观小类而言，林地面积最大，占比约 26.38%，主要分布于基岩岛的山地区域。其次为人工裸地（面积占比 11.15%）、居住建筑（面积占比 9.32%）和湿地（面积占比 8.44%）；人工裸地主要为围填海区的未利用裸地，居住建筑在各有居民海岛均有所分布，湿地集中分布于泥沙岛的东部区域。果园（面积占比 6.71%）、耕地（面积占比 6.58%）和灌草地（面积占比 6.26%）也占有一定的面积比例；果园和耕地主要集中在泥沙岛内部的不同区域，灌草地则广布于各岛上。其他的景观小类面积比例均低于 5%，其中新能源工业（面积占比 0.01%）占比最低，仅分布于洞头岛（Is.8）山体区域的山顶上。

研究区各岛的景观大类和小类面积见表 3-2。

表 3-2　洞头群岛各岛景观大类和小类　　　　　单位：hm²

景观大类	景观小类	灵昆岛 (Is.1)	霓屿岛 (Is.2)	浅门山岛 (Is.3)	深门山岛 (Is.4)	状元岙岛 (Is.5)	花岗岛 (Is.6)	大三盘岛 (Is.7)	洞头岛 (Is.8)	胜利岙岛 (Is.9)	半屏岛 (Is.10)
1 公路	1.1 岛群公路	114.55	26.64	1.82	0.28	19.58	0.7	0.47	29.63	0	0
	1.2 海岛公路	147.25	15.42	0	0	0.22	0	3.11	36.81	0.29	5.72
	1.3 本地公路	292.73	21.18	0	0.31	5.09	0.07	2.3	85.38	0.09	1.85
	合计	554.53	63.24	1.82	0.59	24.89	0.77	5.88	151.82	0.38	7.57
2 码头堤坝	2.1 码头	9	3.81	0	0	8.58	1.01	0.36	12.43	0	0.58
	2.2 堤坝	31.71	1.73	0	0	10.59	0	0	7.88	0	0
	合计	40.71	5.54	0	0	19.17	1.01	0.36	20.31	0	0.58
3 工业用地	3.1 一般工业	245.63	15.44	0	0	54.8	0	0	103.61	0	1.76
	3.2 新能源工业	0	0	0	0	0	0	0	1.01	0	0
	合计	245.63	15.44	0	0	54.8	0	0	104.62	0	1.76
4 建筑用地	4.1 居住建筑	281.45	97.12	0	0	60.11	2.87	37.16	447.26	1.09	24.51
	4.2 教育建筑	87.15	1.6	0	0	0	0	0	37.45	0	0
	4.3 商业建筑	26.34	0.75	0	0	0.35	0	0	31.61	0	0
	4.4 旅游建筑	3.28	1.79	0	0	0	0	0.35	8.32	0.53	0.07
	4.5 临时建筑	61.4	2.19	0	0	0.57	0	0.04	19.13	0	0.23
	合计	459.62	103.45	0	0	61.03	2.87	37.55	543.77	1.62	24.81

景观大类	景观小类	灵昆岛 (Is. 1)	霓屿岛 (Is. 2)	浅门山岛 (Is. 3)	深门山岛 (Is. 4)	状元岙岛 (Is. 5)	花岗岛 (Is. 6)	大三盘岛 (Is. 7)	洞头岛 (Is. 8)	胜利岙岛 (Is. 9)	半屏岛 (Is. 10)
5 硬化地面		12.35	4.78	0	0.07	5.24	0	3.96	14.87	0.02	0.94
6 采石区		0	164.57	0	0	33.51	0	8.35	19.21	0	6.46
7 农业用地	7.1 耕地	444.3	38.17	0	0	10.01	0	3.68	160.56	1.39	13.48
	7.2 果园	684.83	0	0	0	0	0	0	0	0	0
	合计	1129.13	38.17	0	0	10.01	0	3.68	160.56	1.39	13.48
8 水域	8.1 一般水域	288.18	6.32	0	0	6.1	0	0.52	53.32	0	0
	8.2 水库	0	0.2	0	0	0	0.05	0	14.02	0	0
	8.3 养殖池	71.8	0	0	0	0	0	0	0	0	0
	8.4 港池	0	0	0	0	21.33	0	0	0	0	0
	8.5 临时水域	43.97	0	0	0	131.44	0	0	0	0	0
	合计	403.95	6.52	0	0	158.87	0.05	0.52	67.34	0	0
9 裸地	9.1 自然裸地	5.86	5.66	0.28	0	8.03	0.89	3.4	19.44	3.16	6.47
	9.2 人工裸地	662.07	57.16	0.32	0.29	232.53	0.07	6.53	175.85	0.71	2.67
	合计	667.93	62.82	0.6	0.29	240.56	0.96	9.93	195.29	3.87	9.14
10 植被	10.1 林地	153.7	595.96	3.66	7.49	336.76	21.14	83.26	1316.7	16.34	158.85
	10.2 灌草地	84.53	141.03	2.12	1.63	96.29	4.31	19.87	252.69	12.6	24.2
	10.3 湿地	773.7	2.53	0	0	70.63	0	0	14.69	0	0
	合计	1011.93	739.52	5.78	9.12	503.68	25.45	103.13	1584.08	28.94	183.05

3.1.3 研究区各岛地表覆盖特征

3.1.3.1 灵昆岛(Is. 1)

灵昆岛是泥沙岛和有居民海岛,面积为 4 525.79 hm²,岸线长度为 38.34 km。该岛是研究区面积最大的海岛,也是与大陆邻近度最高的海岛。从景观大类来看,农业用地(24.95%)和植被(22.36%)面积占比最高,分别主要分布于海岛的西侧和东侧区域;裸地(14.76%)主要位于岛岸和海岛东侧围填海区的未利用区域;公路(12.25%)和建筑用地(10.16%)遍布全岛,在海岛西侧以不规则的形态分布,在海岛东侧形态较为规整;水域(8.93%)同样遍布全岛,在海岛西侧主要作为灌溉用水,在海岛东侧用于排水和景观,而在海岛岸线处作为养殖池;工业用地(5.43%)主要分布在海岛北侧岸线和东侧围填海区域；码头堤坝（0.90%）和硬化地面（0.27%）面积占比很低；无采石区。从景观小类来看，湿地（17.10%）、果园（15.13%）和人工裸地（14.63%）表现出了最高的面积占比，其中湿地和人工裸地主要分布在海岛东侧围填海区，果园位于海岛中部区域；耕地（9.82%）集中分布于海岛西侧；本地公路（6.47%）、一般水域（6.37%）、居住建筑（6.22%）和一般工业（5.43%）占据了海岛的不同区域；其余的景观小类面积占比均小于5%。相比研究区其他海岛，灵昆岛由于具有最大的海岛面积，其大部分景观大类和小类都拥有最大的面积规模；从景观大类面积占比来看，灵昆岛是研究区农业用地、公路和工业用地面积占比最高以及植被面积占比最低的海岛（表3-2，图3-2和图3-3）。

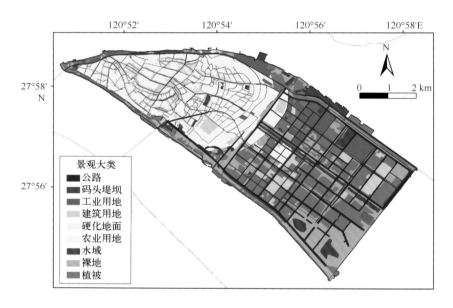

图3-2　灵昆岛景观类型

灵昆岛位于陆海剧烈交互的河口区，发育了具有重要生态功能的滨海湿地，是鸟类迁徙通道的重要中转站。同时，由于较大的面积规模、平坦的地形条件和明显的区位优势，该岛人类开发利用较为剧烈。在海岛西侧区域，耕地和果园覆盖了大部分面积，并夹杂分布着具有不同斑块形态的建筑用地、水域和公路。海岛东侧区域主要为围填海区域。在"半岛工程"实施前，主要通过养殖围垦活动逐渐向东侧蔓延；在"半岛工程"实施后，开展了大规模的人工促淤和围填，促使海岛快速向东延伸。围填海区的主要开发利用功能为居住、教育和高科技产业，目前正在开发建设中。

水稻田及邻近房屋

柑橘园

住宅建设

灵昆岛潮位站

海岛南侧大堤

围填海区工业建设

芦苇群落

互花米草群落

图 3-3　灵昆岛现场实景

照片均由作者于 2018 年 9 月开展现场调查时拍摄，下同

3.1.3.2　霓屿岛(Is. 2)

霓屿岛是基岩岛和有居民海岛，面积为 1 204.05 hm²，岸线长度为 31.34 km。从景观大类来看，植被(61.42%)是海岛的景观基质；采石区(13.67%)主要分布在海岛西北侧和中部山体区域；建筑用地(8.59%)一方面在海岛中部的地势低平区域和海岛南部的填海区连续分布，另一方面以小斑块的形式在山体区域分散分布；公路(5.25%)包括位于北侧的岛群公路以及内部的海岛公路和本地公路；裸地(5.22%)主要分布于海岛岸线区域；农业用地(3.17%)以小斑块的形式分布于建筑用地的邻近区域；工业用地(1.28%)、水域(0.54%)、码头堤坝(0.46%)和硬化地面(0.40%)面积较小。从景观小类来看，林地(49.50%)和灌草地(11.71%)构成植被的主体；居住建筑(8.07%)是建筑用地的主要存在形式；其余景观小类面积占比较低，均不足5%。相比研究区其他海岛，霓屿岛的采石区面积占据了研究区全部采石区的70%以上，该岛也成为采石区面积占比最高的海岛(表 3-2，图 3-4 和图 3-5)。

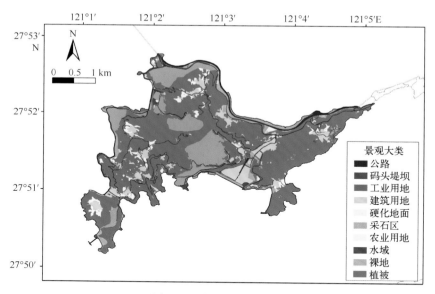

图 3-4　霓屿岛景观类型

霓屿岛是研究区中与大陆距离最近的基岩岛，也是"半岛工程"中规划与灵昆岛相对接的海岛。海岛最鲜明的景观特征为大规模的开山采石，提供石材的同时也为下一步的开发建设开拓空间。相应地，海岛自然生态系统也受到严重破坏。此外，紫菜养殖是该岛的传统优势产业，霓屿岛被称为"浙江紫菜之乡"。海岛南侧区域开展了一定规模的围填海，现建有住宅建筑。同时，开展了海岛生态修复工作。自2016年起，在海岛西北侧种植和培育了红树林，建立了霓屿红树林湿地公园；截至2020年底已形成了近33 hm² 的红树林种植区，对维护海岛生态系统、提升生境质量具有积极作用。

海岛概貌

围填海区的住宅建筑

开山采石

山顶植物群落

海岛西北侧的红树林栽培

图3-5 霓屿岛现场实景

3.1.3.3 浅门山岛（Is. 3）

浅门山岛是基岩岛和无居民海岛，面积为 8.21 hm²，岸线长度为 2.29 km。从景观大类来看，植被（70.49%）、公路（22.20%）和裸地（7.31%）占据了海岛全部面积；从景观小类来看，植被由林地（44.61%）和灌草地（25.88%）组成，公路全部为岛群公路（22.20%），裸地包括自然裸地（3.88%）和人工裸地（3.43%）。相比研究区其他海岛，该岛是所有海岛中公路面积占比最高的海岛（表 3-2，图 3-6 和图 3-7）。

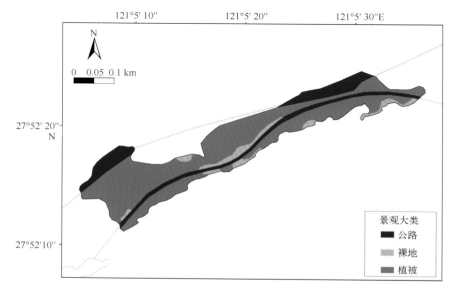

图 3-6 浅门山岛景观类型

海岛概貌

植物群落

图 3-7 浅门山岛现场实景

该岛和深门山岛虽然是无居民海岛，但作为跨海大桥的支点，是车辆往返大陆与洞头岛等海岛的必经之路，对串联不同海岛、提升区域交通能力具有重要作用。与此同时，公路建设和车辆的污染物排放也给海岛生态系统带来一定影响。

3.1.3.4　深门山岛（Is. 4）

深门山岛是基岩岛和无居民海岛，面积为 10.06 hm²，岸线长度为 1.58 km。从景观大类来看，植被（90.62%）是该岛的绝对主导景观；公路（5.82%）、裸地（2.84%）和硬化地面（0.72%）占据海岛其他区域。从景观小类来看，林地（74.44%）和灌草地（16.18%）构成植被，本地公路（3.08%）和岛群公路（2.74%）组成公路，裸地均为人工裸地。相比研究区其他海岛，该岛是所有海岛中植被面积占比最高的海岛（表 3-2，图 3-8 和图 3-9）。

该岛和浅门山岛均是跨海大桥的重要支点，但由于海岛形态原因，该岛公路面积占比相对较小。岛上植被繁茂，建有观景平台，现场调查过程中偶见游客。

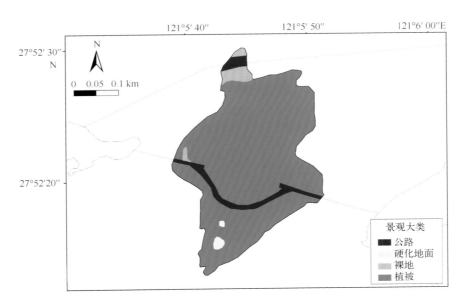

图 3-8　深门山岛景观类型

公路	植物群落
观景平台	远眺洞头峡大桥和洞头岛

图 3-9　深门山岛现场实景

3.1.3.5　状元岙岛(Is.5)

状元岙岛是基岩岛和有居民海岛，面积为 1 111.78 hm²，岸线长度为 24.68 km。从景观大类来看，植被(45.30%)、裸地(21.64%)和水域(14.29%)是面积占比最高的 3 种类型，前者主要位于海岛山地区，后二者均位于岛岸的围填海区域；建筑用地(5.49%)主要分布于山体山脚处，工业用地(4.93%)、采石区(3.01%)、公路(2.24%)和码头堤坝(1.72%)分布于海岛不同位置，农业用地(0.90%)和硬化地面(0.47%)面积占比较低。从景观小类来看，位于山体区域的林地(30.29%)、位于围填海区域的人工裸地(20.92%)和临时水域(11.82%)是面积占比最高的 3 种类型，紧邻林地的灌草地(8.66%)、位于海岛边缘的湿地(6.35%)和位于山体山脚处的居住建筑(5.41%)面积占比其次，其余景观小类面积占比均小于5%。相比研究区其他海岛，该岛是所有海岛中裸地和水域面积占比最高的海岛(表 3-2，图 3-10 和

图 3-11）。

状元岙岛是温州港状元岙港区的依托；该港区是洞头区最大的港口，位于海岛北侧区域。海岛也开展了较大规模的围填海，北侧主要为港口区服务，南侧主要用于城镇建设。

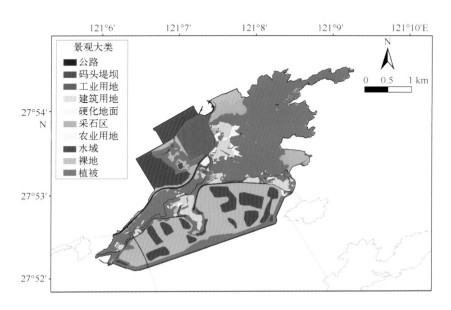

图 3-10　状元岙岛景观类型

3.1.3.6　花岗岛（Is.6）

花岗岛是基岩岛和有居民海岛，面积为 31.11 hm²，岸线长度为 3.02 km。从景观大类来看，植被（81.80%）构成海岛景观基质，建筑用地（9.24%）和码头堤坝（3.24%）集中分布于海岛西侧，裸地（3.09%）则多分布在海岛东侧，公路（2.47%）在海岛西侧岸线和中部山体处均有所分布，水域（0.15%）则在山顶处可见（仅 1 处）。从景观小类来看，植被由林地（67.94%）和灌草地（13.86%）构成，建筑用地均为居住建筑，码头堤坝中只有码头，裸地包括自然裸地（2.85%）和人工裸地（0.24%），公路由岛群公路（2.24%）和本地公路（0.23%）构成，水域则为水库。相比研究区其他海岛，该岛是所有海岛中码头堤坝面积占比最高的海岛（表 3-2，图 3-12 和图 3-13）。

居住建筑

采石区

烟墩炮山公园

海岛南侧大堤

盐地碱蓬群落

临时水域及远处的状元岙港区

图 3-11 状元岙岛现场实景

　　花岗岛紧邻状元岙岛，目前开发利用程度相对较低，植被覆盖率较高。岛上进行了休闲旅游开发建设，花岗渔村、彩石滩吸引了诸多游客前来。

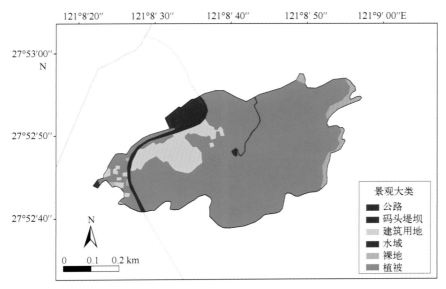

图 3-12 花岗岛景观类型

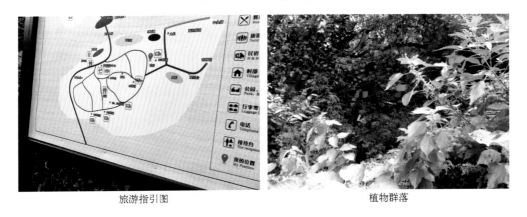

旅游指引图   植物群落

图 3-13 花岗岛现场实景

3.1.3.7 大三盘岛(Is.7)

大三盘岛是基岩岛和有居民海岛，面积为173.35 hm²，岸线长度为12.44 km。从景观大类来看，植被(59.49%)和建筑用地(21.66%)占据了海岛大部分区域，其中建筑用地在海岛西侧成片分布，在其他区域分散分布；裸地(5.73%)在海岛外缘和内部均呈碎片化的形式分布；采石区(4.82%)集中分布于海岛东侧；公路(3.39%)面积虽小，但也贯穿全岛；硬化地面(2.28%)、农业用地(2.12%)、水域(0.30%)和码头堤坝(0.21%)面积较小，以小斑块的形式分布于海岛不同位置。相比研究区其他海岛，该岛是所有海岛中建筑用地和硬化地面面积占比最高的海岛（表 3-2，图 3-14 和图 3-15）。

大三盘岛紧邻洞头岛，海岛西侧开展了高端住宅建设，形成了规模较大、连片分布的别墅区；海岛东侧区域进行了小片的开山采石活动。海岛总体开发利用程度较高。

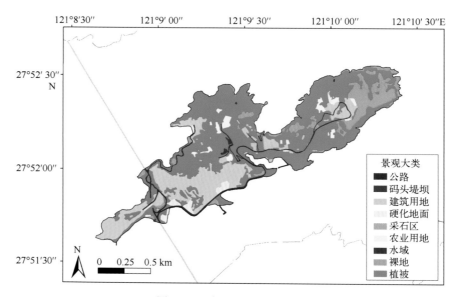

图 3-14　大三盘岛景观类型

海岛东部别墅区

独栋别墅

图 3-15　大三盘岛现场实景

3.1.3.8 洞头岛(Is. 8)

洞头岛是基岩岛和有居民海岛，面积为2 861.90 hm²，岸线长度为49.55 km。从景观大类来看，植被(55.35%)面积占比最高，占据海岛绝大部分山体区域；建筑用地(19.00%)集中连片地分布于海岛中部的地势低平区域构成城镇区，并以分散小斑块的形态分布于山地区域形成不同的村落；裸地(6.82%)主要位于围填海区域的未利用区；农业用地(5.61%)主要分布于城镇区外缘区域，并以碎片化形式分布于山地区域的村庄旁；公路(5.30%)遍布海岛并串联海岛不同区域；工业用地(3.66%)主要分布在海岛北侧和南侧近岸区域的工业区；此外，水域(2.35%)、码头堤坝(0.71%)、采石区(0.67%)和硬化地面(0.52%)也在不同位置有所分布。从景观小类来看，林地(46.01%)和灌草地(8.83%)构成植被；居住建筑(15.63%)占据建筑用地的大部分区域，人工裸地(6.14%)占据裸地的大部分区域，农业用地则全部由耕地构成；其他景观小类面积占比均不足5%。相比研究区其他海岛，该岛拥有最大的建筑用地规模(表3-2，图3-16和图3-17)。

洞头岛是洞头区政府所在海岛，是全区的政治、经济、文化中心。海岛开发利用活动频繁，类型多样，城镇化程度较高。海岛中部区域为洞头中心城区，海岛北侧和南侧有较大规模的围填海以拓展城镇发展空间；此外，不同规模大小的村庄遍布整个海岛。海岛拥有较为丰富的旅游资源，目前已开辟了望海楼、仙叠岩、大沙岙等旅游景点，吸引了大量游客到访。相应地，岛上遍布各类宾馆和渔家乐供游客停留居住。

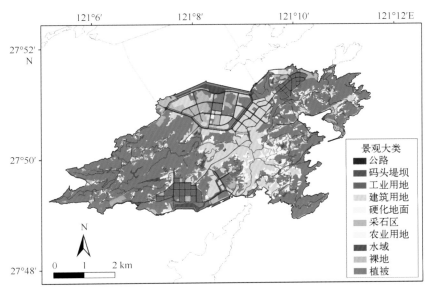

图3-16　洞头岛景观类型

海岛概貌

房屋建筑

温州医科大学仁济学院

风电

水库

远眺望海楼

山体概貌

木麻黄群落

图3-17 洞头岛现场实景

3.1.3.9　胜利岙岛（Is. 9）

胜利岙岛是基岩岛和有居民海岛，面积为 36.23 hm²，岸线长度为 4.02 km。从景观大类来看，植被（79.89%）和裸地（10.69%）占据了海岛大部分面积，裸地分布在植被的外缘；建筑用地（4.47%）分布于海岛中部和西侧；农业用地（3.84%）、公路（1.06%）和硬化地面（0.04%）也可见于海岛不同位置。从景观小类来看，林地（45.10%）和灌草地（34.79%）构成植被，裸地主要为分布于岛岸区域的自然裸地（8.72%），农业用地全部为耕地，建筑用地则包括居住建筑（3.00%）和旅游建筑（1.47%），其余景观小类面积均小于1%。相比研究区其他海岛，该岛是所有海岛中公路面积占比最低的海岛（表3-2，图3-18和图3-19）。

胜利岙岛位于洞头岛东北侧，现已与洞头岛相连接。海岛开发利用程度相对较低，植被覆盖率较高。目前在海岛西侧建有海霞军事主题公园。

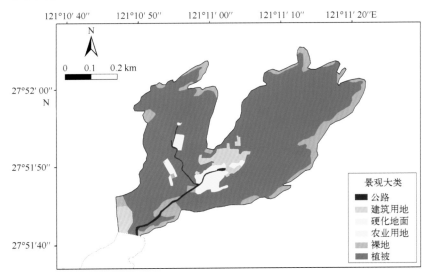

图3-18　胜利岙岛景观类型

3.1.3.10　半屏岛（Is. 10）

半屏岛是基岩岛和有居民海岛，面积为 247.79 hm²，岸线长度为 13.96 km。从景观大类来看，植被（73.87%）构成景观基质，建筑用地（10.02%）以不规则斑块的形态分布在海岛西侧沿岸和中部山体，农业用地（5.44%）分布于建筑用地周围，裸地（3.69%）可见于岛岸附近，公路（3.06%）主要位于海岛西侧近岸处，采石区1处位于海岛南侧区域，工业用地（0.71%）、硬化地面（0.38%）和码头堤坝（0.24%）也可见于海岛不同位置。从景观小类来看，林地（64.11%）、居住建筑（9.89%）、灌草地

（9.76%）和耕地（5.44%）占据海岛大部分面积，其他景观小类面积占比均小于5%（表3-2，图3-20和图3-21）。

图 3-19　胜利岙岛现场实景

图 3-20　半屏岛景观类型

小片农田　　　　　　　　　　　　　　　天然草本植物群落

图3-21　半屏岛现场实景

半屏岛位于研究区岛链的末端，与大陆的邻近度较低。该岛植被茂盛，生境条件良好，开发利用程度相对较低。此外，该岛是著名的半屏山景区所在地。

3.2　基于景观格局的海岛人类活动影响量化方法

3.2.1　海岛人类活动影响辨识

近几十年来，我国海岛人类活动日趋剧烈，各类人类活动给海岛自然生态系统带来了深刻的影响，包括但不限于破坏海岛及周边海域的地形地貌、造成景观人工化和破碎化、侵占自然生境、恶化环境质量等（Wolanski et al.，2009；Kurniawan et al.，2016；Chi et al.，2017a，2018a；Gil et al.，2018；Moon et al.，2018；Xie et al.，2018）。与此同时，人类活动也塑造并支撑了海岛社会生态系统，在食物和材料、居住空间、交通运输、休闲旅游等方面提供了重要的功能（Martín-Cejas et al.，2010；Yang et al.，2016；Shao et al.，2017；Xie et al.，2018）。我国的12个主要海岛县（市、区）在2017年拥有344万常住人口，创造了3 557亿元的海洋产业增加值，吸引了9 836万人次的游客到访（中华人民共和国自然资源部，2018）。因此，人类活动对海岛生态系统的影响可划分为对自然子系统的干扰和对社会子系统的支撑，定量揭示海岛人类活动的干扰和支撑程度及其空间特征有助于全面把握人类活动对海岛生态系统的影响，并为海岛保护与利用提供重要参考。

人类活动对生态系统的影响已经得到了广泛的研究（Sanderson et al.，2002；Brown et al.，2005；王毅杰等，2013；Cen et al.，2015；徐勇等，2015；Peng et al.，2017；Chi et al.，2018b；Wellmann et al.，2018；Shah et al.，2021）。当前的大部分研究是基于景观类型开展的，并主要关注人类活动的负面影响，即对自然生态系统的干扰（Bebianno et al.，2015；Zhang et al.，2017；Cheng et al.，2018；Tang et al.，2018）。部分研究分析了人工生态系统提供的食物、居住、旅游等服务功能，即对社会生态系统的支撑（Gössling et al.，2002；Su et al.，2012；Song et al.，2017；Hashimoto et al.，2019）。然而，鲜有研究同时考虑人类活动的干扰和支撑，从而难以全面地、多维度地评价人类活动的生态和社会效应。就海岛生态系统而言，人类活动对其自然子系统的干扰和对社会子系统的支撑亟待进行评估，而准确的评估是建立在对海岛人类活动特征及其导致的海岛变化的全面把握上。在本研究区，人类活动类型丰富多样，且同种人类活动类型内部的不同斑块也可能存在不同的占地规模和利用方式，这均加剧了人类活动干扰和支撑的复杂性和空间异质性。海岛变化指的是人类活动占主导作用的生态系统变化。由于海岛生态系统明显的脆弱性，人类活动带来的海岛变化往往较为剧烈且不可逆，并表现出显著的空间异质性（池源等，2015a；Chi et al.，2017a）。因此，海岛本身提供了一个天然实验室来进行人类活动影响的定量化研究。下面将基于景观类型、规模效应、利用等级和变化过程，构建海岛人类活动干扰和支撑指数，对海岛人类活动影响进行空间量化。

3.2.2 景观类型

研究区不同的景观类型均或多或少受到人类活动的塑造和影响，一定程度上代表着不同类型的人类活动。以往诸多研究表明，不同的人类活动类型对自然系统的影响程度具有明显差异，使得景观类型成为判断海岛人类活动影响的基础因子（Lautenbach et al.，2011；Goldstein et al.，2012；Lawler et al.，2014；徐勇等，2015；Chi et al.，2018a，2018b，2019a；Xu et al.，2019）。本研究精确刻画了 10 个景观大类和 24 个景观小类，不同景观小类对海岛自然生态系统的影响程度可分为高、中、低、无四类（表 3-3）。

表 3-3　各景观小类对自然和社会子系统的影响

景观大类	景观小类	对自然子系统的干扰				对社会子系统的支撑			
		地形地貌	景观格局	生境质量	污染排放	供给功能	居住功能	交通功能	娱乐功能
1 公路	1.1 岛群公路	中	高	中	高	无	无	高	无
	1.2 海岛公路	中	高	中	高	无	无	高	无
	1.3 本地公路	中	高	中	高	无	无	中	无

续表

景观大类	景观小类	对自然子系统的干扰				对社会子系统的支撑			
		地形地貌	景观格局	生境质量	污染排放	供给功能	居住功能	交通功能	娱乐功能
2 码头堤坝	2.1 码头	高	中	高	高	无	无	高	无
	2.2 堤坝	中	中	中	无	无	无	高	无
3 工业用地	3.1 一般工业	中	中	中	高	中	无	无	无
	3.2 新能源工业	中	中	中	高	中	无	无	无
4 建筑用地	4.1 居住建筑	中	中	中	无	无	中	无	无
	4.2 教育建筑	中	中	中	无	无	高	无	无
	4.3 商业建筑	中	中	中	无	无	高	无	无
	4.4 旅游建筑	中	中	中	无	无	无	无	高
	4.5 临时建筑	中	中	中	无	无	低	无	无
5 硬化地面		中	中	中	无	无	低	无	无
6 采石区		高	中	高	高	低	无	无	无
7 农业用地	7.1 耕地	低	无	低	低	高	无	无	无
	7.2 果园	低	无	低	低	中	无	无	无
8 水域	8.1 一般水域	中	无	低	无	无	无	无	低
	8.2 水库	中	无	低	无	高	无	无	无
	8.3 养殖池	中	低	中	无	无	无	无	无
	8.4 港池	中	低	中	无	无	无	中	无
	8.5 临时水域	无	无	无	无	无	无	无	无
9 裸地	9.1 自然裸地	无	无	无	无	无	无	无	无
	9.2 人工裸地	无	低	低	无	无	无	无	无
10 植被	10.1 林地	无	无	无	无	无	无	无	低
	10.2 灌草地	无	无	无	无	无	无	无	低
	10.3 湿地	无	无	无	无	无	无	无	低

3.2.2.1　对自然子系统的干扰

海岛人类活动对自然子系统的干扰具体表现在地形地貌、景观格局、生境质量和污染排放四个方面(徐勇等，2015；Chi et al.，2018b，2019a)。

在地形地貌方面，码头建设直接改变海岛岸线形态和近岸海底地形地貌，开山采石严重破坏山体并改变海岛岛体地形地貌，故将这两类景观设定为高影响(Lee et al.，2008；Sajinkumar et al.，2014)；公路、堤坝、工业用地、建筑用地、硬化地面以及不包括临时水域在内的水域可归为中影响类型，这些类型的影响虽然比前述两种类型小，但会在地表生成不透水面阻碍地上与地下之间的物质和能量交换（徐勇等，2015；Chi et al.，2018b）；农业用地并不产生不透水面，但在耕作时可能会对地形地貌产生一定影响，因此将其设定为低影响（徐勇等，2015）；其他景观大类和小类为无影响。

在景观格局方面，公路呈线性状态分布，能够显著地割裂自然景观，降低景观连通性，并加剧景观破碎化，因此将其设定为高影响（Jacquelinel et al.，2008；Fu et al.，2010；Liu et al.，2014）；码头堤坝、工业用地、建筑用地、硬化地面和采石区以面状的多边形斑块存在，也造成了自然景观割裂和景观破碎化，但影响相比公路较低，故将其归为中影响类型（Gonzalezabraham et al.，2007；Park，2015）；养殖池、港池和人工裸地的人类活动相对不频繁，强度较低，故将其看作低影响类型；其他类型为无影响。

在生境质量方面，码头在建造过程中会同时侵占陆地和近海海域的生境，采石区在开山采石过程中会同时毁坏地上和地下的生物群落，故将其设定为高影响（Ballesteros et al.，2012；林磊等，2016）；公路、堤坝、工业用地、建筑用地、硬化地面、养殖池和港池均侵占了自然生境并赋予其具体的生产生活功能，这些功能阻止了生境的恢复，将这些类型归为中影响类型；农业用地用特定的农作物替代了自然植物群落，一般水域、水库和人工裸地破坏了自然生境但为生成新的生境提供了可能，故将其设定为低影响（Swift et al.，1993）；其他类型为无影响。

在污染排放方面，公路和码头处的车辆和船舶会持续不断地排放污染物，工业用地中的工厂和风机会产生废气、废水和噪声，采石区在开采过程中会出现大量的粉尘，将其归为高影响类型（Butkus et al.，2012；Germano et al.，2016）；建筑用地、养殖池和港池也可能产生一定的污染物，但污染程度不及上述类型，故归为中影响类型；农业用地可能会产生非点源污染，但单位面积污染强度较低，故将其设定为低影响（Chi et al.，2018b）；其他类型为无影响。

3.2.2.2 对社会子系统的支撑

海岛人类活动社会子系统的支撑主要表现为供给、居住、交通、娱乐四类功能（Gössling et al.，2002；Su et al.，2012；Hashimoto et al.，2019）。

在供给功能方面，农业用地、水库、养殖池和工业用地为海岛社会子系统提供粮食、水果、饮用水、水产品、工业产品、原材料和能源，其中粮食和饮用水是岛民生活的必需品，水果、水产品、工业产品和能源的重要性其次，石材在研究区现阶段的重要性相对较低（温州市人民政府，2017）。故将耕地和水库归为高影响类型，将果园、工业用地和养殖池归为中影响类型,将采石区归为低影响类型,其他类型为无影响。研究区的林地多为防护林,不提供木材或其他经济产品,故无供给功能。

在居住功能方面,建筑用地和硬化地面为人类居住、教育、商业和户外活动提供空间,其中教育和商业功能在现阶段对于海岛发展的重要性最高(温州市人民政府,2017)。因此,将教育建筑和商业建筑设定为高影响;居住建筑和临时建筑提供具体的居住功能,但前者具有更高的承载力,故将居住建筑和临时建筑分别归类为中影响和低影响类型;硬化地面包括广场、晒场等,其人类投入相对较低,因此将其设定为低影响。

在交通功能方面,公路和码头承担了海岛的对外和内部交通功能(Chi et al.,2017a;Xie et al.,2018)。岛群公路极大提升了整个研究区的对外和对内交通能力,海岛公路显著改善其所在海岛的交通条件,本地公路则有助于海岛内部某个区域的本地交通。同时,码头代表着海上交通运输能力。因此,岛群公路、海岛公路和码头为高影响类型,本地公路为中影响。此外,港池也服务于海上交通运输,但人类投入较低,故将其设定为中影响。

在娱乐功能方面,海岛由于其独特的自然风光和人文色彩以及特有的"岛感",从而拥有丰富的旅游资源(池源等,2021)。人类活动通过建造旅游建筑以充分利用海岛旅游资源,提升海岛旅游功能,故将旅游建筑设定为高影响(Yang et al.,2016)。此外,一般水域和植被也可以作为海岛的视觉景观,发挥一定的旅游功能,但功能有限,故将其归为低影响类型。

采用影响系数(influence coefficient,IC,无量纲)来代表景观类型的不同影响程度,高、中、低影响的 IC 分别设定为 0.7~1、0.4~0.7 和 0.1~0.4。另,对于自然子系统,公路的线性特征使其不仅对占用区域产生影响,还会对邻近区域产生缓冲区效应,影响随着距离的增大而减小。根据以往相关研究,将缓冲区效应的影响最大范围设定为 200 m(Hawbaker et al.,2006;Tattoni et al.,2012;Chi et al.,2018b)。对于社会子系统,公路和码头产生的支撑作用也不仅仅局限在其占用区域,其中岛群公路对整个研究区均产生影响,海岛公路和码头对其所在海岛产生影响,本地公路对邻近区域(最大距离设定为 200 m)产生影响。

3.2.3 规模效应

在同一景观类型内部,不同斑块由于规模大小不同可能产生不同的影响,这也造成了上文中景观类型的 IC 是一个区间,具有上限和下限(Chi et al.,2018b)。人类活动的聚集和叠加影响会造成"规模效应"（Bender et al., 1998；郭莉滨等, 2006）, 表现为同一景观类型内部面积较大的斑块会产生较高的影响。具体来讲, 规模效应影响了景观类型内不同斑块的 IC 实际取值, 面积较大斑块单位面积对自然子系统的干扰和对社会子系统的支撑均较强。如, 建筑用地在城镇区斑块面积较大, 而在乡村区域往往以小斑块的形式存在, 前者能够产生比后者更高的影响。进而, 规模效应是在一定的范围内产生作用, 即规模效应带来的 IC 变化应当表现在一定的斑块规模大小区间内。将某一景观类型内部所有斑块面积的第 25 和第 75 百分位数作为区间端点, 该景观类型内部某一斑块的规模效应因子（size effect factor, SEF）采用下式进行计算：

$$
SEF = \left\{
\begin{array}{ll}
1 & A_x > A_{75\%} \\
(A_x - A_{25\%})/(A_{75\%} - A_{25\%}) & A_{25\%} < A_x \leqslant A_{75\%} \\
0 & A_x \leqslant A_{25\%}
\end{array}
\right\}, \qquad (3-1)
$$

式中, A_x 是某一景观类型中斑块 x 的面积；$A_{25\%}$ 和 $A_{75\%}$ 分别为该景观类型中斑块面积的第 25 和第 75 百分位数。对于公路而言, 其形态为线型, 公路宽度比面积更能决定其规模效应, 故在计算公路斑块的 SEF 时, 上述的面积用宽度来替代计算。经上述计算得到各斑块对于自然子系统和社会子系统的 SEF, 分别为对于自然子系统的规模效应应子（size effect factor for natural ecosystem, SEF-NE）和对于社会子系统的规模效应应子（size effect factor for social ecosystem, SEF-SE）, 如图 3-22 所示。

3.2.4 利用等级

利用等级是影响同一景观类型内部不同斑块 IC 取值的另一个重要因子（Hang et al., 2012；Tang et al., 2013）。在本研究区, 公路和建筑用地两个景观大类具有利用等级的差异, 分别依据公路材质和建筑高度来进行划分, 可分为高、中、低三个等级, 公路材质和建筑高度均在精准刻画景观类型的同时进行判定。利用等级的空间特征如图 3-23 所示。利用等级对斑块 IC 的影响主要表现为增益或削减。以面积最大、分布最为广泛的等级作为基准, 即以中等级公路和低等级建筑用地分别作为公路和建筑用地的基准, 进而根据利用等级对具体斑块的 IC 进行增益或削减, 其中对自然子系统的增益或削减为加法因子（additive factor, AF）, 对社会子系统的增益或削减为乘法因子（multiplicative factor, MF）（表 3-4）。

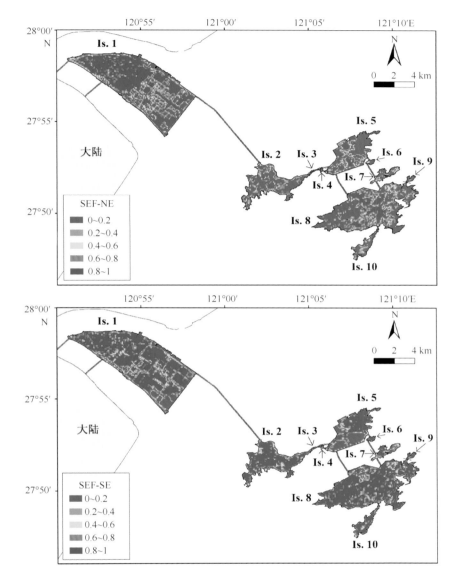

图 3-22　洞头群岛规模效应因子的空间特征

表 3-4　洞头群岛公路和建筑用地的利用等级及其对 IC 的影响

利用等级			对 IC 的影响			
			自然子系统		社会子系统	
			AF	IC + AF	MF	IC × MF
公路	高等级	柏油路	0.1	IC + 0.1	2	IC × 2
	中等级	水泥路	0	IC	1	IC
	低等级	土路	-0.1	IC - 0.1	0.5	IC × 0.5

续表

利用等级		对 IC 的影响			
		自然子系统		社会子系统	
		AF	IC + AF	MF	IC × MF
建筑用地	高等级　高层建筑	0.2	IC + 0.2	4	IC × 4
	中等级　中层建筑	0.1	IC + 0.1	2	IC × 2
	低等级　低层建筑	0	IC	1	IC

注：IC(influence coefficient) 影响系数。高层建筑，高于 7 层；中层建筑，大于 2 层且不高过 7 层；低层建筑，不高过 2 层。

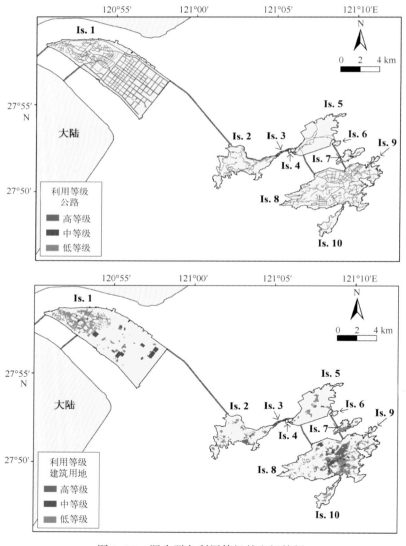

图 3-23　洞头群岛利用等级的空间特征

3.2.5 变化过程

上述的景观类型、规模效应和利用等级可以看作海岛生态系统人为干扰的具体表现形式，变化过程则指的是在人为干扰下海岛生态系统的变化。根据研究区实际情况，在我国改革开放背景下，洞头群岛自 20 世纪 80 年代开始经历较为快速的发展变化；结合数据资料的可获得性，采用 1984 年的 Landsat 5 卫星和 2017 年的 Landsat 8 卫星遥感影像，以 1984—2017 年作为时间区间来判断海岛变化过程。海岛变化过程主要包括围填海过程和生态变化过程两个方面。对于围填海过程，通过对比区分 1984—2017 年海岛轮廓的变化来判断研究区围填海区域。对于生态变化过程，采用生态状态指数（ecological condition index，ECI，无量纲）和复合建筑指数（index-based built-up index，IBI，无量纲）分别代表自然子系统和社会子系统的变化过程。ECI 基于常用的归一化植被指数（normalized difference vegetation index，NDVI，无量纲）、地表湿度指数（land surface wetness index，LSWI，无量纲）和盐度指数 1（salinity index 1，SI1，无量纲）获得；NDVI、LSWI 和 SI1 通过 Landsat 系列卫星遥感影像的波段运算直接获得，分别反映了植被生长、地表湿度和土壤盐度状况，计算公式如下：

$$NDVI = \frac{Re_5 - Re_4}{Re_5 + Re_4}, \tag{3-2}$$

$$LSWI = C_2 \times Re_2 + C_3 \times Re_3 + C_4 \times Re_4 + C_5 \times Re_5 + C_6 \times Re_6 + C_7 \times Re_7, \tag{3-3}$$

$$SI1 = \sqrt{Re_2 \times Re_4}, \tag{3-4}$$

式中，Re_x 是指 Landsat 8 卫星遥感影像中波段 x 的光谱反射率；C_x 为计算 LSWI 时波段 x 的系数，具体数值取自 Baig 等（2014）。进而，ECI 由下式计算：

$$ECI = (NDVI_s + LSWI_s + SI1_s)/3, \tag{3-5}$$

式中，$NDVI_s$、$LSWI_s$ 和 $SI1_s$ 分别是标准化的 NDVI、LSWI 和 SI1，以某个指数在两个年份的所有指数值的第 5 和 95 百分位数分别作为下限和上限进行标准化处理得到，取值范围为 0~1。IBI 引自 Xu（2008）的研究，该指数融合了多种建筑指数，能够较为准确地反映建成区状况，且具有明显的适用性（Chi et al.，2018c；Hu et al.，2018），计算方法如下：

$$IBI = \frac{2 \times Re_6/(Re_6 + Re_5) - [Re_5/(Re_5 + Re_4) + Re_3/(Re_3 + Re_6)]}{2 \times Re_6/(Re_6 + Re_5) + [Re_5/(Re_5 + Re_4) + Re_3/(Re_3 + Re_6)]}, \tag{3-6}$$

同样地，IBI 采用上述方法进行标准化处理。海岛变化过程包括围填海过程和生态变化过程，可见于图 3-24。

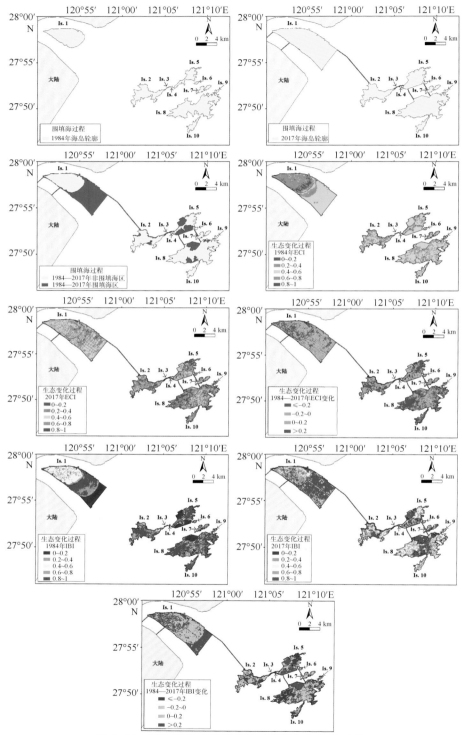

图 3-24　洞头群岛人类活动影响下的海岛变化过程

3.2.6 海岛人类活动干扰和支撑指数

3.2.6.1 指数构建

海岛人类活动干扰指数(island human interference index，IHII，无量纲)由下式进行计算:

$$\mathrm{ICI}_{ijk} = \left[\mathrm{ICI}_{i,1} + (\mathrm{ICI}_{i,u} - \mathrm{ICI}_{i,1}) \times \mathrm{SEF}_{ij} \right] + \mathrm{AF}_{ik}, \qquad (3-7)$$

$$\mathrm{IHII}_0 = \sum A_{ijk} \times \mathrm{ICI}_{ijk}, \qquad (3-8)$$

式中，ICI_{ijk} 是景观类型 i 中利用等级为 k 的斑块 j 对自然子系统的 IC；$\mathrm{ICI}_{i,u}$ 和 $\mathrm{ICI}_{i,1}$ 分别是景观类型 i 对自然子系统的 IC 区间的上限和下限；SEF_{ij} 是景观类型 i 中斑块 j 的规模效应因子；AF_{ik} 是景观类型 i 中利用等级 k 的加法因子。

$$\mathrm{IHII}_1 = \begin{pmatrix} \mathrm{Max}(\mathrm{IHII}_0 \times 1.5，\ \mathrm{IHII}_0 + 0.25) & 围填海区 \\ \mathrm{IHII}_0 & 非围填海区 \end{pmatrix}, \qquad (3-9)$$

式中，IHII_0 是不考虑海岛变化过程的 IHII；A_{ijk} 是景观类型 i 中利用等级为 k 的斑块 j 的面积比例。IHII_1 是在 IHII_0 的基础上考虑了围填海过程的 IHII。

$$\mathrm{IHII} = \mathrm{IHII}_1 - (\mathrm{ECI}_{2017} - \mathrm{ECI}_{1984}), \qquad (3-10)$$

式中，ECI_{2017} 和 ECI_{1984} 分别为 2017 年和 1984 年的标准化 ECI，最终得到在 IHII_1 基础上考虑了生态变化过程的 IHII。IHII 取值范围为 0~1，IHII 越高，说明人类活动对海岛自然子系统的干扰越强烈。

海岛人类活动支撑指数(island human support index，IHSI，无量纲)由下式进行计算:

$$\mathrm{ICS}_{ijk} = \left[\mathrm{ICS}_{i,1} + (\mathrm{ICS}_{i,u} - \mathrm{ICS}_{i,1}) \times \mathrm{SEF}_{ij} \right] \times \mathrm{MF}_{ik}, \qquad (3-11)$$

式中，ICS_{ijk} 是景观类型 i 中利用等级为 k 的斑块 j 对社会子系统的 IC；$\mathrm{ICS}_{i,u}$ 和 $\mathrm{ICI}_{i,1}$ 分别是景观类型 i 对社会子系统的 IC 区间的上限和下限；SEF_{ij} 是景观类型 i 中斑块 j 的规模效应因子；MF_{ik} 是景观类型 i 中利用等级 k 的乘法因子。

$$\mathrm{IHSI}_0 = \sum A_{ijk} \times \mathrm{ICS}_{ijk}, \qquad (3-12)$$

式中，IHSI_0 是不考虑海岛变化过程的 IHSI；A_{ijk} 是景观类型 i 中利用等级为 k 的斑块 j 的面积比例。

$$\mathrm{IHSI}_1 = \begin{pmatrix} \mathrm{Max}(\mathrm{IHSI}_0 \times 1.5，\ \mathrm{IHSI}_0 + 0.25) & 围填海区 \\ \mathrm{IHSI}_0 & 非围填海区 \end{pmatrix}, \qquad (3-13)$$

式中，$IHSI_1$ 是在 $IHSI_0$ 的基础上考虑了围填海过程的 IHSI。

$$IHSI = IHSI_1 + (IBI_{2017} - IBI_{1984}), \tag{3-14}$$

式中，IBI_{2017} 和 IBI_{1984} 分别为 2017 年和 1984 年的标准化 IBI。根据 IBI 的计算特点和实际空间特征，其不仅受到建成区开发规模和强度的控制，裸地和水域也会影响到 IBI 的空间变化。建成区主要由人类活动塑造和改变，并承担着主要的对社会子系统的支撑功能。然而，裸地的社会支撑功能较低，且一定程度上受到自然因子的制约；水域呈现了与建成区相反的光谱特征。因此，在上式计算时，并不将裸地、水域以及内部可能存在部分裸地的农业用地和植被区纳入。最终得到在 $IHSI_1$ 基础上考虑了生态变化过程的 IHSI。IHSI 取值范围为 0~1，IHSI 越高，说明人类活动对海岛社会子系统的支撑作用越强。

3.2.6.2　空间特征分析

采用上述方法，计算各评价单元的 IHII 和 IHSI 值，可获得研究区 IHII 和 IHSI 的空间分布图；基于海岛内部各评价单元的 IHII 和 IHSI 值，可计算得到各岛的 IHII 和 IHSI。

IHII 和 IHSI 分别量化了人类活动对自然子系统的干扰和对社会子系统的支撑，虽然均具有量化的、具体的取值，且取值范围相一致(0~1)，但由于两个指数关注的方面不同，二者并不直接具有可比性。也就是说，直接根据某一海岛的 IHII 和 IHSI 之间的大小来判断人类活动对该岛干扰和支撑孰高孰低是不合适的。然而，IHII 和 IHSI 之间的比值，即 IHSI/IHII，可以用来反映人类活动的效率。因此，对各岛的 IHSI/IHII 进行分析和展示。

3.3　双重空间尺度下海岛人类活动影响的空间特征

3.3.1　评价单元尺度

评价单元尺度上 IHII 和 IHSI 的空间特征如图 3-25 所示。高 IHII 区主要分布于建筑用地、工业用地、公路和围填海区域，低 IHII 区则主要可见于植被和裸地。IHSI 的空间分布图表现出了相似的特征，但又有所不同；IHSI 的极高值区面积相对较小，且部分海岛内部的 IHSI 空间异质性相对较低。研究区的 IHII 和 IHSI 平均值分别为 0.44 和 0.34。在围填海区域，IHII 和 IHSI 平均值分别为 0.61 和 0.49；在非围填海区域，IHII 和 IHSI 平均值分别为 0.49 和 0.25。

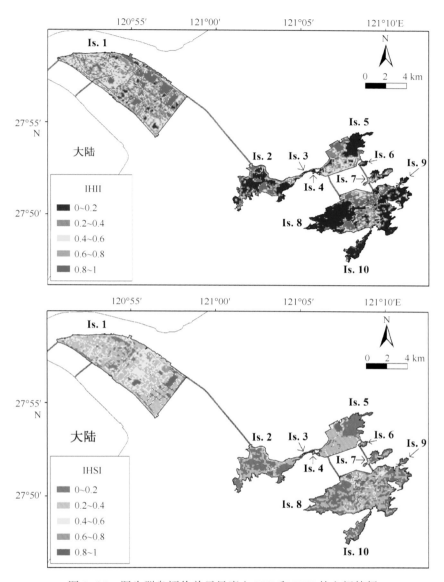

图 3-25　洞头群岛评价单元尺度上 IHII 和 IHSI 的空间特征

　　IHII 和 IHSI 受到景观类型、规模和等级的共同影响，基于评价单元尺度上的结果，可得到 IHII 和 IHSI 在不同景观类型、规模和等级下的空间分布格局。不同景观大类和小类的 IHII 和 IHSI 见表 3-5。从景观大类而言，工业用地拥有最高的 IHII 和 IHSI，植被的 IHII 和 IHSI 最低；同时，植被和采石区分别具有最高和最低的 IHSI/IHII。从景观小类而言，教育建筑取得了最高的 IHII 和 IHSI，新能源工业和自然裸地分别表现出最低的 IHII 和 IHSI；同时，新能源工业和养殖池分别具有最高和最低的 IHSI/IHII。可以发现，不同景观类型之间 IHII 和 IHSI 表现出了明显的差异，这也说明了景观类型在海岛人类活动影响评价中的基础性作用。

表 3-5　洞头群岛不同景观大类和小类的 IHII 和 IHSI

景观大类和小类	IHII	IHSI	IHSI/IHII
1 公路	0.71	0.56	0.79
1.1 岛群公路	0.72	0.56	0.77
1.2 海岛公路	0.74	0.61	0.82
1.3 本地公路	0.68	0.53	0.78
2 码头堤坝	0.49	0.46	0.95
2.1 码头	0.62	0.47	0.76
2.2 堤坝	0.39	0.46	1.16
3 工业用地	0.93	0.61	0.66
3.1 一般工业	0.93	0.61	0.66
3.2 新能源工业	0.03	0.20	6.83
4 建筑用地	0.69	0.47	0.69
4.1 居住建筑	0.63	0.39	0.62
4.2 教育建筑	0.94	0.88	0.94
4.3 商业建筑	0.93	0.82	0.89
4.4 旅游建筑	0.45	0.32	0.71
4.5 临时建筑	0.86	0.56	0.65
5 硬化地面	0.61	0.45	0.75
6 采石区	0.85	0.20	0.23
7 农业用地	0.45	0.28	0.62
7.1 耕地	0.43	0.28	0.65
7.2 果园	0.47	0.28	0.60
8 水域	0.49	0.35	0.71
8.1 一般水域	0.53	0.37	0.71
8.2 水库	0.07	0.20	2.65
8.3 养殖池	0.72	0.40	0.56
8.4 港池	0.84	0.53	0.62
8.5 临时水域	0.32	0.27	0.86
9 裸地	0.55	0.34	0.63
9.1 自然裸地	0.11	0.09	0.86

续表

景观大类和小类	IHII	IHSI	IHSI/IHII
9.2 人工裸地	0.57	0.36	0.63
10 植被	0.20	0.25	1.26
10.1 林地	0.10	0.18	1.76
10.2 灌草地	0.29	0.27	0.94
10.3 湿地	0.41	0.42	1.03

在所有景观类型中，采石区的 IHSI/IHII 最低，应当对其进行控制，一般情况下面积不宜再扩张；养殖池和果园的 IHSI/IHII 也相对较低，应当适度限制其发展，并对其进行合理空间布局；植被区是 IHSI/IHII 最高的景观大类，应在规模和质量上对其进行提升以美化视觉景观、维护海岛生态系统。围填海是沿海地区拓展建设空间的重要手段，但不可避免地会给滨海湿地及其临近海域自然生态系带来破坏（Chen et al., 2018a; Ewers Lewis et al., 2019）。研究结果显示，围填海区的 IHSI/IHII 为 0.80，高于非围填海区域的 0.74。如前所述，洞头群岛近年来大规模的围填海活动是温州市"半岛工程"的重要组成部分，致力于支撑区域海洋经济的快速发展。然而，围填海区域 IHII 明显高于非围填海区，这说明了该区域人类活动对自然子系统造成了较高的干扰。因此，围填海活动应当在经过科学论证后谨慎开展，且围填海工程完成后应合理、充分地利用，以发挥其对社会子系统的支撑功能，提升人类活动效率。

不同利用等级公路和建筑用地的 IHII 和 IHSI 见表3-6。不同利用等级公路的指标值表现出了明显的差异，IHII 和 IHSI 沿着高、中、低等级依次降低；在建筑用地中，高等级和中等级的指标值差异不大，且均明显高于低等级的指标值。对于 IHSI/IHII 而言，低等级公路和高等级建筑取得了各自类型的最高值。

表3-6　洞头群岛不同利用等级公路和建筑用地的 IHII 和 IHSI

利用等级		IHII	IHSI	IHSI/IHII
公路	高等级	0.77	0.61	0.80
	中等级	0.47	0.35	0.74
	低等级	0.36	0.32	0.88
建筑用地	高等级	0.87	0.75	0.87
	中等级	0.90	0.75	0.83
	低等级	0.59	0.34	0.57

通过 IBM SPSS 18 分析 IHII 和 IHSI 与 SEF、ECI 和 IBI 的相关性，结果见表 3-7，其中 SEF-NE 和 ECI 是 IHII 的计算参数，SEF-SE 和 IBI 是 IHSI 的计算参数。可以发现，IHII 与 SEF-NE 和 ECI 表现出了较强的相关性；相比而言，IHSI 与 SEF-SE 和 IBI 的相关性略弱。同时，IHII 和 IHSI 之间也表现出了明显的正相关，说明了海岛人类活动对生态系统的干扰和支撑是并存的。

表 3-7 洞头群岛 IHII 和 IHSI 与 SEF、ECI 和 IBI 的相关性

Items	IHII	IHSI	SEF-NE	SEF-SE	ECI	IBI
IHII	1	0.730**	0.786**	0.067**	−0.784**	0.651**
IHSI	0.730**	1	0.457**	0.126**	−0.582**	0.549**
SEF-NE	0.786**	0.457**	1	0.058**	−0.491**	0.440**
SEF-SE	0.067**	0.126**	0.058**	1	0.280**	0.208**
ECI	−0.784**	−0.582**	−0.491**	0.280**	1	−0.663**
IBI	0.651**	0.549**	0.440**	0.208**	−0.663**	1

注：** $P < 0.01$。

虽然人类活动已成为研究区景观格局的主导因子，但其依然受到自然条件的限制。在评价单元尺度上，研究区气候条件和地质背景等具有空间均质性，岛陆的各类水域主要由人为塑造，已成为人工景观的一部分，故均不作为潜在自然影响因素。地形和海洋因子影响着不同人类活动类型的开发利用适宜性，成为海岛人类活动空间格局的潜在自然影响因子（栾维新等，2005；Al-Jeneid et al.，2008；Chi et al.，2019c，2022a）。地形因子包括 Al、Sl 和 As；海洋因子采用距岸线距离（distance to the shoreline，DTS）表示，因为海洋对海岛生态系统以及人类活动的影响程度随着 DTS 的增大而降低，采用 ArcGIS 10.0 中的 Euclidean Distance 工具可生成 DTS 的空间分布图。通过 IBM SPSS 18，得到 IHII 和 IHSI 与地形和海洋因子的相关系数和偏相关系数（表 3-8），其中偏相关系数是将某一自然因子作为分析变量，将其他所有自然因子作为控制变量计算得到。由于分析样本数量较大，所有的相关关系均显著；两个指数与 Al 和 Sl 的相关性和偏相关性均为负相关，与 DTS 的相关性和偏相关性均为正相关，与 As 的相关性和偏相关性有正有负；Al 和 Sl 的相关系数总体上高于 DTS，而偏相关系数与 DTS 相差不大，As 的相关系数和偏相关系数均为最低；各因子的偏相关系数相比相关系数均有所降低。高 Al 和 Sl 区域不适宜开展大多数的开发利用活动，因此具有较低的 IHII 和 IHSI，这与其他海岛的相关研究结果相一致（Kang et al.，2013；Chi et al.，2016；Borges et al.，2018）。DTS 与 IHII 和 IHSI 的正相关性表明了海岛内部区域比沿岸

区域承载了更高强度的人类活动。在本研究区，沿岸区域包括城镇建设区、围填海区、裸岩和植被区。前两者是人类活动的热点区域，拥有较高的 IHII 和 IHSI，后两者受到人类活动影响较小，IHII 和 IHSI 较低，而后两者在沿海区域占据面积更大，使得 DTS 与 IHII 和 IHSI 表现出了一定的正相关性。As 较低的相关系数和偏相关系数说明了海岛人类活动的空间格局受到 As 的影响较小。各因子的偏相关系数均比相应的相关系数低，说明各因子共同影响着海岛人类活动的空间分布，在剔除了其他因子的协同影响后，单个因子的影响程度均发生了不同程度的降低。

表 3-8　洞头群岛 IHII 和 IHSI 与地形和海洋因子的相关性

项目		Al	Sl	As	DTS
相关系数	IHII	−0.416 ＊＊	−0.453 ＊＊	0.109 ＊＊	0.260 ＊＊
	IHSI	−0.375 ＊＊	−0.436 ＊＊	0.185 ＊＊	0.200 ＊＊
偏相关系数	IHII	−0.206 ＊＊	−0.213 ＊＊	−0.024 ＊	0.215 ＊＊
	IHSI	−0.145 ＊＊	−0.218 ＊＊	0.070 ＊＊	0.148 ＊＊

注：＊ $P<0.05$；＊＊ $P<0.01$。

综上，评价单元尺度上 IHII 和 IHSI 的空间分布由景观类型、规模和等级共同决定，其中景观类型起到了基础性的作用；结合第 6 章 6.3.2 小节的分析，规模效应对 IHII 的影响大于其对 IHSI 的影响，而利用等级对 IHSI 产生了比对 IHII 更大的影响。此外，该尺度上 IHII 和 IHSI 也受到了自然影响因子的制约，其中对 Al、Sl 和 DTS 的空间响应较为灵敏。

3.3.2　海岛尺度

不同海岛的 IHII、IHSI 和 IHSI/IHII 如图 3-26 所示。拥有较高 IHII 的海岛 IHSI 往往也较高；灵昆岛（Is. 1）拥有所有海岛中最高的 IHII 和 IHSI，霓屿岛（Is. 2）、浅门山岛（Is. 3）、状元岙岛（Is. 5）、大三盘岛（Is. 7）和洞头岛（Is. 8）的 IHII 和 IHSI 处于中间水平，深门山岛（Is. 4）、花岗岛（Is. 6）、胜利岙岛（Is. 9）和半屏岛（Is. 10）的 IHII 和 IHSI 较低。对于 IHSI/IHII 而言，上述 4 个具有较低 IHII 和 IHSI 的海岛拥有比其他海岛更高的 IHSI/IHII。

海岛尺度上的 IHII 和 IHSI 也受到自然因子的约束，海岛面积与隔离度是海岛的两个基本参数（MacArchur et al.，1963，1967；Whittaker et al.，2007；Weigelt et al.，2016）。在以往的岛屿生物地理学研究中，隔离度一般采用距大陆距离（distance to the mainland，DTM）这一指标（Triantis et al.，2012；Weigelt et al.，2016；Ibanez et al.，2018；Chi et al.，2019c）。考虑到本研究区总体上位于沿岸区域，各岛之间 DTM 差异不大，且海岛均已

由连岛大桥与大陆相连，已经显著地削弱了各岛的隔离性，因此 DTM 不适宜作为本研究区的隔离度指标。不过，研究区的海岛整体呈链状，由连岛大桥由西向东依次与大陆相连，各岛的序号（1～10）表示着与大陆连接的顺序，一定程度上代表各岛的大陆邻近度。故在本研究中以海岛序号（island sequence number，ISN）来指示隔离度，即序号越低，与大陆的邻近度越高，隔离度越低。通过 Excel 得到海岛尺度上 IHII 和 IHSI 与海岛面积和序号的散点图，并生成具有最高决定系数（coefficients of determination，R^2）的回归方程，如图 3-27 所示。可以发现，随着海岛面积的增加和海岛序号的降低，IHII 和 IHSI 呈现增加趋势。海岛面积为人类活动设定了明确的规模和范围，代表着对人类活动的承载能力；海岛隔离性指示着海岛的可达性，其影响着人类进行开发利用活动的便利性（Chi et al.，2018a，2019c）。本研究区中，拥有较大面积和较高大陆邻近度的海岛往往拥有较高的 IHII 和 IHSI。

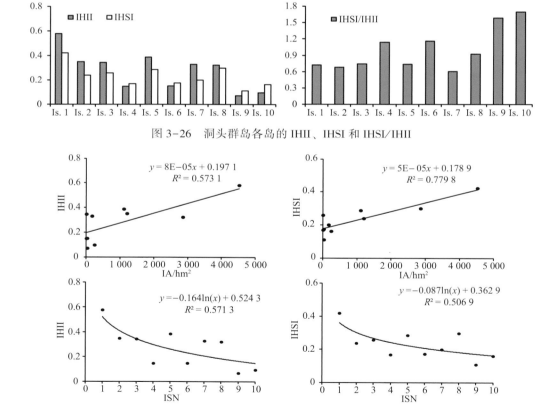

图 3-26　洞头群岛各岛的 IHII、IHSI 和 IHSI/IHII

图 3-27　洞头群岛 IHII 和 IHSI 与海岛面积和序号的关系

注：IA（island area）海岛面积；ISN（island sequence number）海岛序号，代表着大陆邻近度和隔离度，

即序号越低，与大陆的邻近度越高，隔离度越低。

经对本研究区的实证分析，两个人类活动影响指数(IHII 和 IHSI)具有以下特色。

(1)将人类活动对海岛生态系统的影响分解为对自然子系统的干扰和对社会子系统的支撑，其中干扰涉及了海岛独特的生态价值，而支撑则表示着海岛对人类社会的支持和贡献(Jupiter et al.，2014；Chi et al.，2017a)。两个指数的有机结合能够同时量化干扰和支撑及其空间特征，不但明确了人类活动对海岛生态系统的负面影响，还肯定了其对海岛社会经济发展的正面作用。

(2)基于高分辨率遥感影像和全面的现场调查验证，系统、精准、详尽地描绘了海岛的景观类型、规模和等级，包括 10 大类、24 小类的景观类型，同种类型内不同斑块的规模效应以及特定类型内高、中、低三个利用等级。此外，通过分析近30年海岛生态系统演变，辨识了人类活动引起的海岛变化过程，包括围填海过程和生态变化过程两个方面。类型多样、规模不一、等级不同的人类活动及其引起的海岛变化发生在面积有限且具有明显空间边界的海岛上，其定量化、空间化研究有助于进一步提升对人类活动空间变化规律及生态效应的认识。

(3)两个指数所需数据主要来自于遥感影像，具有便捷、快速、连续的数据来源，计算方法简便、清晰且可重复，具有明显的可适用性。

此外，该研究能够更加准确地测度人类活动强度。在人类活动强度量化研究中，IC 对于结果具有基础性作用，但其赋值往往难以避免主观性。在以往大部分研究中，IC 直接根据土地利用/景观类型赋予一个范围 0~1 的常数值，忽略了同一类型内部不同位置的差异(Brown et al.，2005；Di et al.，2015；徐勇等，2015；池源等，2017a；Chi et al.，2018a)。在本研究中，景观类型 IC 上限和下限的设置、规模效应因子的采用、利用等级的考虑以及海岛变化过程的辨识均有助于将 IC 设定过程中的主观性最小化，进而提升人类活动影响量化的准确度。

3.4　本章小结

(1)基于高分辨率遥感影像和全面的现场调查，精准刻画了研究区 10 个大类、24个小类的海岛景观类型，景观大类基于光谱、位置或形状进行划分，景观小类根据其具体功能或成因进行细分。

(2)通过剖析海岛人类活动的典型特征，辨识了人类活动对海岛自然子系统的干扰和对海岛社会子系统的支撑，构建了基于景观类型、规模、等级和变化过程的海岛人类活动影响量化方法，提出的 IHII 和 IHSI 能够量化海岛人类活动的干扰和支撑及其空间特征。该方法同时揭示了海岛人类活动对自然子系统的负面影响和对社会子系统的正面影响，提升了人类活动影响系数赋值的准确性，且具有明显的适用性。

（3）研究区海岛人类活动影响空间特征量化结果显示：在评价单元尺度上，高 IHII 和 IHSI 区主要分布于建筑用地、工业用地、公路以及围填海区，低 IHII 和 IHSI 区则主要可见于植被和裸地。IHII 和 IHSI 的空间分布由景观类型、规模和等级共同决定，其中景观类型起到了基础性的作用，规模效应对 IHII 的影响大于其对 IHSI 的影响，而利用等级对 IHSI 的影响程度高于 IHII；IHII 和 IHSI 也受到了自然影响因子的制约，其中对 Al、Sl 和 DTS 的空间响应较为灵敏。在海岛尺度上，拥有较大面积和较高大陆邻近度的海岛往往拥有较高的 IHII 和 IHSI，灵昆岛（Is. 1）是所有海岛中 IHII 和 IHSI 最高的海岛，胜利吞岛（Is. 9）的 IHII 和 IHSI 则最低。

（4）本章的研究结果可以为下文中海岛植被-土壤系统的空间分析与模拟、海岛生态系统健康和韧性评估奠定基础。基于景观格局的各类景观指数是海岛植被-土壤空间分异的潜在影响因子，可以作为植被和土壤空间模拟的预测因子；景观是海岛生态系统健康的三个关键要素之一，为海岛生态系统健康评估提供基础数据；人为干扰是海岛生态系统的重要外界干扰，基于景观格局的 IHII 可作为海岛生态系统韧性评估的干扰因子之一。

第4章 海岛植被-土壤系统的空间分析与模拟

植被和土壤分别是海岛最具活力的组分和支撑海岛生态系统的基底。海岛植被是生态系统中的主要生产者，为系统内其他成员提供必要的物质和能量，维系着生物多样性维持、生境提供、水源涵养、防风固土、固碳释氧等（Chi et al.，2016，2019c；Borges et al.，2018；Craven et al.，2019）基本生态功能。海岛土壤为植被以及其他各类有机体的生长提供空间、水分和养分，且涉及到一系列的生物地球化学循环；土壤也是海岛生态系统功能及其演变的重要指示因子，基岩岛土壤的形成往往标志着海岛由裸岩向复杂生态系统的转变（Wilson et al.，2019；Chi et al.，2020d）。植被和土壤均为海岛生态系统健康的关键要素，且二者之间紧密联系、相互影响，构成海岛植被-土壤系统。

4.1 海岛植被和土壤空间格局

4.1.1 海岛植被空间格局

4.1.1.1 植被指标

以乔木层、灌木层、草本层3层的植被生长状况和植物多样性来测度海岛植被状况，可以较为全面地反映海岛植被的质量、活力和稳定性（Tilman et al.，2006；Chen et al.，2018b）。

植被生长状况由3层各自的植被盖度进行测度，包括乔木层盖度（total coverage in tree layer，TCo，%）、灌木层盖度（total coverage in shrub layer，SCo，%）和草本层盖度（total coverage in herb layer，HCo，%）3个指标。

植物多样性采用常用的 Shannon-Wiener 指数（H'，无量纲）和 Pielou 指数（E，无量纲），这两个指标分别侧重于植物群落的复杂度和均匀度，计算方法如下（马克平等，1994）：

$$H'_s = - \sum_{i=1}^{n} \mathrm{IV}_{s,i} \ln(\mathrm{IV}_{s,i}), \qquad (4-1)$$

$$E_s = \frac{H_s}{\ln(N_s)}, \qquad (4-2)$$

式中，H'_s 和 E_s 分别为点位 s 的 Shannon-Wiener 指数和 Pielou 指数；$\mathrm{IV}_{s,i}$ 为点位 s 中物种 i 的重要值；N_s 为点位 s 的物种数量。物种重要值（importance value，IV，无量纲）是测度生物群落中某一物种角色和地位的综合量化指标（钱迎倩等，1994），在本研究中采用下式计算：

$$\mathrm{IV}_{s,i} = \left(\frac{\mathrm{Ab}_{s,i}}{\mathrm{Ab}_s} + \frac{\mathrm{Co}_{s,i}}{\mathrm{Co}_s} + \frac{\mathrm{He}_{s,i}}{\mathrm{He}_s} + \frac{\mathrm{DBH}_{s,i}}{\mathrm{DBH}_s} \right) \Big/ 4, \qquad (4-3)$$

$$\mathrm{IV}_{s,i} = \left(\frac{\mathrm{Ab}_{s,i}}{\mathrm{Ab}_s} + \frac{\mathrm{Co}_{s,i}}{\mathrm{Co}_s} + \frac{\mathrm{He}_{s,i}}{\mathrm{He}_s} \right) \Big/ 3, \qquad (4-4)$$

式（4-3）适用于乔木层，式（4-4）适用于灌木层和草本层。式中，$\mathrm{IV}_{s,i}$、$\mathrm{Ab}_{s,i}$、$\mathrm{Co}_{s,i}$、$\mathrm{He}_{s,i}$ 和 $\mathrm{DBH}_{s,i}$ 分别是点位 s 中物种 i 的 IV、多度、盖度、高度和胸径；Ab_s、Co_s、He_s 和 DBH_s 分别是点位 s 中所有物种的多度、盖度、高度和胸径之和。由此，得到 3 层共 6 个指标，即乔木层 H'（H' in tree layer，TH'，无量纲）、灌木层 H'（H' in shrub layer，SH'，无量纲）、草本层 H'（H' in herb layer，HH'，无量纲）、乔木层 E（E in tree layer，TE，无量纲）、灌木层 E（E in shrub layer，SE，无量纲）、草本层 E（E in herb layer，HE，无量纲）。

综上，共得到乔木层、灌木层、草本层 9 个植被指标。

4.1.1.2　植物物种构成

1）物种统计

研究区 10 个海岛 111 个调查点位记录的乔木、灌木和草本物种分别为 21 种、71 种和 171 种。在乔木层中，21 个物种属于 18 属、15 科，其中榆科（Ulmaceae）拥有最多的物种；在灌木层中，71 个物种属于 57 属、35 科，其中蔷薇科（Rosaceae）是物种数最多的科；在草本层中，171 个物种属于 131 属、45 科，菊科（Compositae）和禾本科（Gramineae）拥有最多的物种。根据 IV 辨识优势种，将各层中 IV 排名前 10 的物种作为研究区的优势种（表 4-1）。结果显示，乔木层大部分优势种为人工种植，灌木层也有数种优势种为人工栽培，草本层优势种则均为天然物种。

表 4-1　洞头群岛植物优势种

排序	乔木层	灌木层	草本层
1	木麻黄 *Casuarina equisetifolia*	青叶苎麻 *Boehmeria nivea* var. *tenacissima*	芦苇 *Phragmites australis*
2	樟 *Cinnamomum camphora*	柑橘 *Citrus reticulata*	互花米草 *Spartina alterniflora*
3	朴树 *Celtis sinensis*	天仙果 *Ficus erecta*	钻叶紫菀 *Symphyotrichum subulatum*
4	台湾相思 *Acacia confusa*	海桐 *Pittosporum tobira*	海金沙 *Lygodium japonicum*
5	楝 *Melia azedarach*	截叶铁扫帚 *Lespedeza cuneata*	田菁 *Sesbania cannabina*
6	马尾松 *Pinus massoniana*	柽柳 *Tamarix chinensis*	五节芒 *Miscanthus floridulus*
7	黑松 *Pinus thunbergii*	鹅掌柴 *Schefflera heptaphylla*	芒萁 *Dicranopteris pedata*
8	黑荆 *Acacia mearnsii*	野梧桐 *Mallotus japonicus*	狗尾草 *Setaria viridis*
9	乌桕 *Triadica sebifera*	盐麸木 *Rhus chinensis*	稗 *Echinochloa crus-galli*
10	榔榆 *Ulmus parvifolia*	杜鹃 *Rhododendron simsii*	虮子草 *Leptochloa panicea*

注：物种中文名和拉丁名以中国科学院植物研究所"iPlant 植物智"为依据。

2）物种结构对比分析

与我国其他海岛的植物物种数量相比，研究区的乔木层物种数量相对较少，而灌木层和草本层相对较多。其他海岛情况具体如下：①庙岛群岛中的 10 个有居民海岛：我国北方的基岩海岛群，120 个点位记录的乔木、灌木和草本物种分别为 15 种、41 种和 160 种（Chi et al.，2016，2018a）；②崇明岛：我国长江口泥沙岛，110 个点位记录的乔木、灌木和草本物种分别为 32 种、4 种和 125 种（Chi et al.，2020c）；③舟山群岛：中国最大的群岛，普陀山岛上 70 个点位记录的乔木、灌木和草本物种分别为 47 种、44 种和 40 种（李军玲等，2012），嵊泗列岛 93 个点位记录的乔木、灌木和草本物种分别为 45 种、79 种和 178 种；④厦门近岸海域的 12 个无居民海岛：我国南方的无居民海岛，经全面普查共记录乔木植物 78 种，灌木植物 109 种，草本植物 150 种（肖兰等，2018）。本研究区的乔木层大部分为人工树种，木麻黄是其中的绝对优势种，也是我国南方沿海人工防护林种植的重要物种（黄义雄等，2003）。该树种具有生长速度快、高耐受性等优点，自 20 世纪 60 年代以来被大规模种植，对于抵御大风和风暴潮、增强海岸带生态系统稳定性具有重要作用（黄金水等，2012）。因此，乔木层物种多样性总体较低。灌木和草本植物多为自然物种，在研究区温暖湿润的气候下发育良好，特别是草本植物在泥沙岛和基岩岛上均分布广泛，表现出较高的物种多样性。

与邻近区域的物种构成进行对比分析，采用温州市域和雁荡山的植物物种作为对比数据。温州市域覆盖了本研究区，可以反映区域植物物种构成（熊先华等，2017）；雁荡山位于温州市东北部海滨，可以反映临近大陆的植物物种构成（陈伟杰等，2018）。在科一级水平上，研究区、温州市域和雁荡山的常见科较为相似，菊科是三个区域物种数量最多的科，禾本科也是三个区域的常见科之一。在属一级水平上，依然可以发现三个区域共有的常见属，即蓼蓄属（*Polygonum*）。在物种水平上，由于三个区域地理位置重叠或紧邻，其物种名录总体较为一致，但由于泥沙岛-基岩岛特有的生态特征，研究区拥有在其他两个区域没有的物种。如，柽柳是我国北方滨海湿地的典型植物，在浙江省鲜少发现其野生植株，但在本研究区多个海岛的岸线区域均有发现。这一方面说明了研究区植物物种构成的独特性，另一方面也意味着研究区是我国少有的同时适合南方红树林和北方柽柳生长的区域。

3) 物种-面积关系

物种-面积关系是生物多样性研究的核心问题之一，海岛由于其明显的空间边界以及不同海岛之间的面积差异，成为研究物种-面积关系的天然实验室，并由此产生了著名的岛屿生物地理学理论（MacArchur et al.，1963，1967；Whittaker et al.，2007）。本研究区的泥沙-基岩混合岛群提供了一个独特的研究物种-面积关系的研究场所。已有研究显示，对数变换后的线性模型对于模拟物种-面积关系具有较高的拟合度（Triantis et al.，2012；Chi et al.，2019c），故采用该方法对研究区乔木层物种、灌木层物种、草本层物种和各层所有物种分别进行分析，结果如图 4-1 所示。采用回归方程的 R^2 和斜率表示物种-面积关系，其中 R^2 代表了回归方程的拟合度，斜率指示着随着面积增大带来物种数量增长的程度。可以发现，R^2 在草本层明显高于乔木层和灌木层，斜率沿乔木层、灌木层和草本层依次升高；各层所有物种的 R^2 和斜率综合了三层的特征，即大于乔木层和灌木层，但低于草本层。上述结果表明，研究区草本植物对海岛面积的响

应相比木本植物更加灵敏。此外，与其他海岛的研究结果相比，各层所有物种的斜率
（0.392 1）总体上处于较高的水平，这也再次说明了海岛面积对于物种丰富度的决定性
作用（Panitsa et al.，2006；Sfenthourakis et al.，2012；Chi et al.，2019c）。

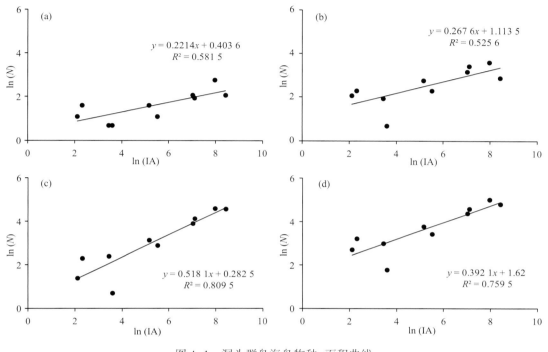

图 4-1   洞头群岛海岛物种-面积曲线

（a）乔木层物种；（b）灌木层物种；（c）草本层物种；（d）各层所有物种。N 为物种数量

4.1.1.3   植被空间格局

由于自身的独特性，海岛天然地具有多重空间尺度的研究特征，在第 3 章基于遥感的海岛景观研究中包括了评价单元和海岛两个尺度，在本章基于现场点位数据的研究则包括点位和海岛两个尺度，海岛尺度上各指标的结果取海岛内部各点位指标的平均值。

在点位尺度上，9 个植被指标的空间分布如图 4-2 所示。可以发现，泥沙岛内部各点位之间植被指标值的空间异质性不明显，但基岩岛内部各点位指标值表现出显著的空间差异。

在海岛尺度上，9 个植被指标的结果见表 4-2。除 HCo 外，泥沙岛（即 Is.1，灵昆岛）其他 8 个指标值总体上均低于基岩岛。

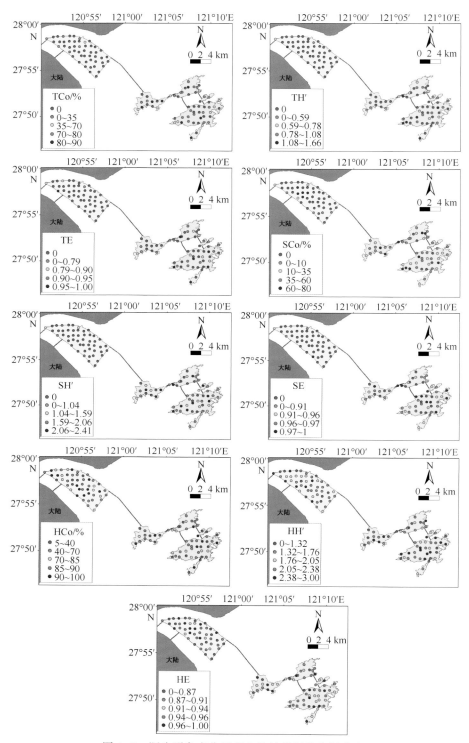

图 4-2　洞头群岛点位尺度上植被指标的空间分布

表4-2 洞头群岛海岛尺度上植被指标结果

海岛	TCo	TH′	TE	SCo	SH′	SE	HCo	HH′	HE
灵昆岛（Is. 1）	6.50	0.06	0.07	10.84	0.12	0.10	75.50	1.74	0.83
霓屿岛（Is. 2）	39.58	0.17	0.25	36.83	1.18	0.63	62.08	1.80	0.93
浅门山岛（Is. 3）	70.00	0.78	0.71	70.00	2.05	0.99	50.00	1.29	0.93
深门山岛（Is. 4）	10.00	1.52	0.94	40.00	2.25	0.98	85.00	1.91	0.83
状元岙岛（Is. 5）	20.45	0.30	0.33	25.91	0.71	0.42	65.00	1.57	0.85
花岗岛（Is. 6）	70.00	0.61	0.88	60.00	1.79	0.92	70.00	2.31	0.96
大三盘岛（Is. 7）	51.67	0.46	0.51	28.33	1.86	0.94	43.33	1.94	0.95
洞头岛（Is. 8）	38.57	0.44	0.40	30.00	1.14	0.73	62.79	2.02	0.93
胜利岙岛（Is. 9）	65.00	0.55	0.79	50.00	0.67	0.97	15.00	0.63	0.91
半屏岛（Is. 10）	45.00	0.36	0.33	30.00	1.18	0.91	51.67	1.79	0.94
研究区	23.51	0.24	0.25	22.56	0.68	0.42	67.55	1.80	0.87

4.1.2 海岛土壤空间格局

4.1.2.1 土壤指标

采用常用的土壤理化性质作为土壤指标，包括容重（bulk density，BD，g/cm³）、酸碱度（pH，无量纲）、含水量（moisture content，MC，%）、含盐量（salinity，S，g/kg）、总碳（total carbon，TC，g/kg）、总氮（total nitrogen，TN，g/kg）、总有机碳（total organic carbon，TOC，g/kg）、有效磷（available phosphorus，AP，mg/kg）和速效钾（available potassium，AK，mg/kg）9个指标。其中，BD是土壤的重要物理指标，反映了土壤孔隙度和空气状况（Chi et al.，2020b），采用容重环进行测量。pH是影响土壤结构、营养元素效率、微生物活性和植被生长的重要指标（Yang et al.，2018）；采用电位法进行测度。MC为植被生长提供必要水分来源，采用烘干法进行测度。S是海岸带地区土壤盐渍化的重要指示因子，显著影响着植被生长、农业产量和生态系统健康（Yang et al.，2018）；采用重量法进行测定。对于其他指标而言，TC、TN和TOC涉及一系列的生物地球化学循环，TC和TOC反映了土壤碳储量情况，TN、AP和AK是土壤肥力的重要指标（Galloway et al.，2008；Chi et al.，2020d）；TC和TN采用元素分析仪进行测定，TOC采用重铬酸钾氧化法进行测定，AP采用碳酸氢钠浸提-钼锑抗分光光度法进行测定，AK采用乙酸铵浸提-火焰光度法进行测定。

4.1.2.2 土壤空间格局

在点位尺度上，9个土壤指标的空间分布如图4-3所示。泥沙岛和基岩岛内部不同

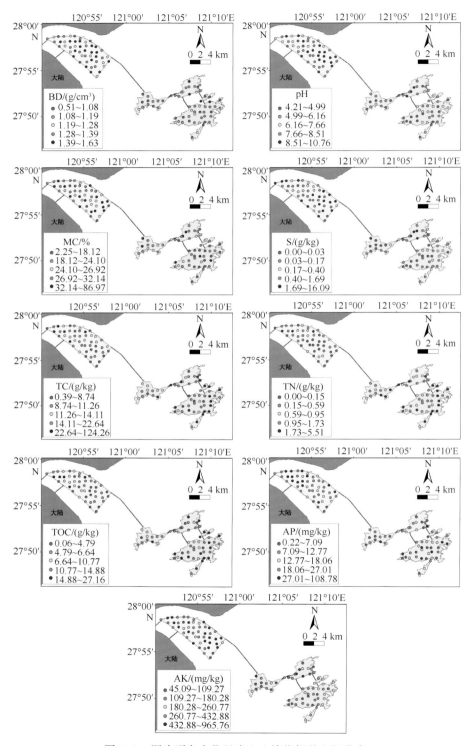

图 4-3　洞头群岛点位尺度上土壤指标的空间分布

点位之间的指标值均表现出了明显的空间异质性。

在海岛尺度上,9 个土壤指标的结果见表 4-3。泥沙岛拥有比基岩岛更高的 BD、pH、MC、S、AP 和 AK 以及更低的 TC、TN 和 TOC。

表 4-3　洞头群岛海岛尺度上土壤指标结果

海岛	BD	pH	MC	S	TC	TN	TOC	AP	AK
灵昆岛(Is. 1)	1.30	7.85	0.28	1.68	11.38	0.55	7.11	21.47	370.19
霓屿岛(Is. 2)	1.10	5.59	0.31	1.50	14.60	1.13	10.71	14.39	190.03
浅门山岛(Is. 3)	0.89	4.99	0.25	0.30	34.19	2.60	12.89	13.94	153.23
深门山岛(Is. 4)	1.31	5.17	0.22	0.01	15.89	0.71	5.69	8.65	87.66
状元岙岛(Is. 5)	1.22	6.79	0.27	2.34	15.22	0.90	10.01	13.50	311.37
花岗岛(Is. 6)	1.13	5.54	0.26	0.01	23.18	1.49	14.88	74.88	158.23
大三盘岛(Is. 7)	1.00	5.95	0.25	0.38	71.89	3.23	22.96	17.21	255.89
洞头岛(Is. 8)	1.17	5.98	0.21	0.16	20.26	1.36	13.24	19.64	172.04
胜利岙岛(Is. 9)	1.07	4.31	0.09	0.83	63.15	3.71	26.16	24.04	235.29
半屏岛(Is. 10)	1.01	4.90	0.17	0.11	31.88	2.34	18.56	13.53	167.17
整个研究区	1.21	6.79	0.26	1.22	17.36	1.03	10.35	19.44	278.70

4.2　海岛植被-土壤系统空间综合特征及其关键影响因子

4.2.1　海岛植被-土壤系统的空间综合特征

4.2.1.1　海岛植被-土壤系统的综合指标

为了反映海岛植被-土壤系统的综合状况,提出 3 个综合指标,包括植被状况指标(vegetation condition index,VCI,无量纲)、土壤状况指标(soil condition index,SCI,无量纲)和植被-土壤系统综合指标(vegetation-soil system composite index,VSSCI,无量纲)。

这三个综合指标基于已有的 18 个植被和土壤指标进行计算,应对已有指标进行标准化处理以实现不同指标之间的可比性。根据指标性质,将 18 个指标分为正向指标、负向指标和区间指标。对正向指标而言，指标值越高代表系统状况越好；对负向指标而言，指标值越高代表系统状况越差；对于区间指标而言，指标值在一定的区间内代表系统处于好的状态，指标值偏离该区间越大代表系统状况越差。本研究中的负向指标包括 BD 和 S，区间指标为 pH，其他指标均为正向指标。指标标准化方法如下：

$$SV_i = \begin{pmatrix} (V_i - V_{lower})/(V_{upper} - V_{lower}) & 正向指标 \\ (V_{upper} - V_i)/(V_{upper} - V_{lower}) & 负向指标 \\ (V_{upper} - V_{lower})/|2V_i - (V_{upper} + V_{lower})| & 区间指标 \end{pmatrix}, \quad (4-5)$$

式中，SV_i 和 V_i 分别为点位 i 中某一指标的标准化值和原始值；对于正向指标和负向指标而言，V_{lower} 和 V_{upper} 分别为该指标值的下限和上限，分别采用指标值的第 5 和 95 百分位数以削弱极值的影响；对于区间指标而言，V_{lower} 和 V_{upper} 分别设定为 6 和 8。进而，VCI 和 SCI 采用下式进行计算：

$$VCI \text{ 或 } SCI = \sum SV_i \times w_i, \quad (4-6)$$

式中，VCI 和 SCI 分别基于各植被和土壤指标进行计算。SV_i 和 w_i 分别为指标 i 的标准化值和权重；为了反映各指标的同等重要性，采用等权重方法进行计算。植被和土壤之间相互影响，紧密关联，在海岛上表现出空间耦合特征。因此，VSSCI 采用下式进行计算：

$$VSSCI = \sqrt{VCI \times SCI}。 \quad (4-7)$$

4.2.1.2 海岛植被–土壤系统综合指标的空间特征

点位尺度上植被–土壤系统综合指标的空间特征如图 4-4 所示。不同点位之间 VCI 表现出了明显的空间异质性，但 SCI 的空间异质性相对较弱，VSSCI 的空间异质性介于 VCI 和 SCI 之间。此外，泥沙岛内部不同点位之间的空间异质性弱于基岩岛内部。

海岛尺度上植被–土壤系统综合指标结果如图 4-5 所示。在所有海岛中，泥沙岛（即灵昆岛，Is.1）拥有最低的 VCI 和 VSSCI 以及第二低的 SCI，深门山岛（Is.4）和大三盘岛（Is.7）分别拥有最低和最高的 SCI，而花岗岛（Is.6）取得了最高的 VCI 和 VSSCI。

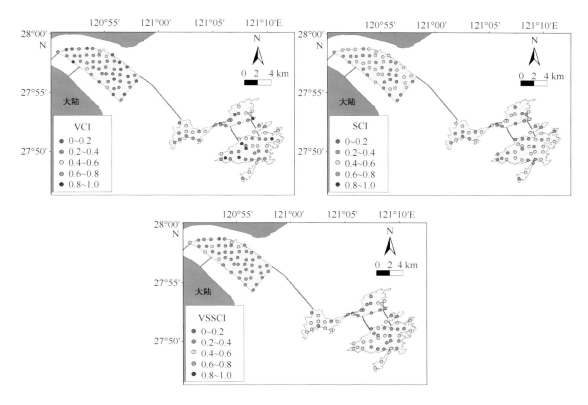

图 4-4　洞头群岛点位尺度上植被-土壤系统综合指标的空间特征

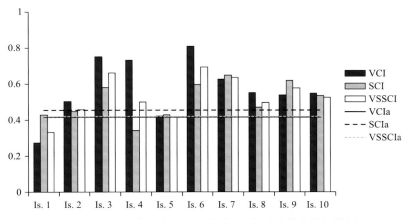

图 4-5　洞头群岛海岛尺度上植被-土壤系统综合指标结果

4.2.2 海岛植被-土壤系统的潜在影响因子分析

4.2.2.1 潜在影响因子梳理

海岛植被-土壤系统的空间格局在不同尺度上受到复杂因子的影响。从海岛和点位两个尺度上，从海岛形态、景观格局、地形条件、海洋因子和生态指数五个方面筛选潜在影响因子。

1）海岛形态

海岛形态是指面积、轮廓、位置等基础地理信息。如前文所述，IA（即海岛面积）和隔离度（以海岛编号 ISN 表示）是海岛的两个基本参数，不仅影响人类活动的承载力和便利度，决定着海岛生物多样性的上限以及物种迁入迁出的难易程度，还可能间接影响着海岛土壤质量（Wardle et al., 2003; Whittaker et al., 2017; Chi et al., 2019c, 2020d）。形状也是海岛轮廓的重要因子，采用海岛形状指数（island shape index, ISI）进行测度，方法如下（彭思羿等，2014）：

$$ISI = IP/(2 \times \sqrt{\pi \times IA}), \qquad (4-8)$$

式中，IP 为海岛周长，即岸线长度。ISI 值越大代表着海岛形状越复杂。此外，围填海活动在研究区规模较大，分布广泛，对海岛形态产生了深刻影响，故将围填海区面积占比（proportion of sea reclamation area, SRP）也作为海岛形态的因子之一。因此，在海岛形态方面，挑选 IA、ISI、ISN 和 SRP 作为潜在影响因子。

2）景观格局

如前文所述，景观是海岛生态系统的关键要素之一，是自然和人为因子在海岛地表空间综合作用的结果。同时，景观与海岛植被-土壤系统关系密切，影响着物种迁移、生境质量、土壤变化以及其他一系列的生态过程（Thies et al., 1999; Zheng et al., 2018; Chi et al., 2018a, 2019a）。景观格局反映着不同景观类型的规模比例和景观斑块的空间布局（Chi et al., 2019a），采用反映景观格局的代表性指标作为潜在影响因子，包括植被区面积占比（proportion of vegetation area, VP, %）、建设区面积占比（proportion of construction area, CP, %）、斑块数量（number of patches, NP, 个）、面积加权平均形状指数（area-weighted mean shape index, AWMSI, 无量纲）和景观隔离度指数（landscape isolation index, LII, 无量纲），其分别反映了植被覆盖、城镇化、景观破碎化、形状复杂度和斑块隔离性（池源等，2017b; 刘春艳等，2018; 徐秋阳等，2018）。VP 和 CP 分别根据植被区和建设区面积获得，NP 直接由景观斑块的数量代表，AWMSI 和 LII 由下式进行计算：

$$\text{AWMSI} = \sum \left(\frac{0.25 \times \text{LP}_i}{\sqrt{\text{LA}_i}} \times \frac{\text{LA}_i}{\text{TA}} \right), \qquad (4-9)$$

$$\text{LII} = \sum \left(0.5 \times \sqrt{\frac{\text{LN}_i}{\text{TA}}} \times \frac{\text{TA}}{\text{LA}_i} \right), \qquad (4-10)$$

式中，LP_i、LA_i 和 LN_i 分别为区域内景观类型 i 的周长、面积和斑块数量；TA 为分析单元总面积。此外，第 3 章中提出的基于景观格局的海岛人类活动干扰指数(即 IHII)能够准确量化人类活动对海岛自然生态系统的干扰，而植被-土壤系统构成了海岛自然生态系统的主体，故将该指数也纳入景观格局因子中。由此，在景观格局方面，挑选 IHII、VP、CP、NP、AWMSI 和 LII 作为潜在影响因子。

3)地形条件

地形条件不仅影响人类活动的空间布局，还通过改变本地生境、微气候、水分涵养、重力作用和风化过程影响植被的生长发育以及土壤的形成和发展(丁程锋等，2017；Chi et al.，2019c)。选择 Al、Sl 和 As 作为潜在影响因子。

4)海洋因子

四面环海是海岛的基本特征和区别于其他地理综合体的特色，造就了海岛的隔离性和独立性，也使得海岛植被-土壤受到来自海洋的各类干扰，如风暴潮、海水入侵和高强度海风等(Teng et al.，2014；Kura et al.，2015)。这些干扰的影响可能随着 DTS 的增大而减弱，故选择 DTS 作为海洋潜在影响因子。

5)生态指数

生态指数基于遥感影像多光谱波段，并通过不同波段组合运算得到，不同的生态指数能够反映不同方面的生态特征，可分为植被指数、盐度指数、热湿指数等，各类指数均与海岛植被-土壤系统的生态过程具有密切关系(Chi et al.，2019b)。采用 Landsat 8 卫星的多光谱数据获取各类生态指数，植被指数采用常用的 NDVI，能够准确、便捷地反映植被状况，并被广泛应用于植被时空监测中(Douaoui et al.，2006；Erdenetsetseg et al.，2006；Xu et al.，2013)；盐度指数采用 SI1 和盐度指数 2(salinity index 2，SI2)，可以一定程度上反映土壤质量，常作为数字土壤制图中的预测因子(Allbed et al.，2014；Gorji et al.，2017)；热湿指数选择亮度温度(brightness temperature，

BT）、LSWI 和裸土指数（bare soil index，BSI），均为地表的基本物理参数，分别反映了地表热度、湿度和干度（徐涵秋，2013；Baig et al.，2014；Hu et al.，2018）。由此，选择 NDVI、SI1、SI2、BT、LSWI 和 BSI 作为生态指数方面的潜在影响因子，其中 NDVI、SI1 和 LSWI 的计算公式可见第 3 章式（3-2）~式（3-4），其他生态指数的计算公式如下：

$$SI_2 = \sqrt{Re_3 \times Re_4}, \qquad (4-11)$$

$$BT = \frac{1\,321.078\,9}{\ln\left(\dfrac{774.885\,3}{Ra_{10}} + 1\right)}, \qquad (4-12)$$

$$BSI = \frac{(Re_6 + Re_4) - (Re_5 + Re_2)}{(Re_6 + Re_4) + (Re_5 + Re_2)}, \qquad (4-13)$$

式中，Re_x 为 Landsat 8 卫星遥感影像中波段 x 的光谱反射率；Ra_{10} 为波段 10 的辐射亮度。

综上，得到海岛和点位两个尺度上的、涉及不同方面的、涵盖各类自然和人为要素的 20 个潜在影响因子（表 4-4）。

表 4-4　洞头群岛植被-土壤系统空间分布的潜在影响因子

方面	影响因子	尺度
海岛形态	IA、ISI、ISN、SRP	海岛尺度
景观格局	IHII、VP、CP、NP、AWMSI、LII	海岛和点位尺度
地形条件	Al、Sl、As	点位尺度
海洋因子	DTS	点位尺度
生态指数	NDVI、SI1、SI2、BT、LSWI、BSI	点位尺度

注：IA，island area，海岛面积，hm^2；ISI，island shape index，海岛形状指数，无量纲；ISN，island sequence number，海岛序号，无量纲；SRP，proportion of sea reclamation area，围填海区面积占比，%；IHII，island human interference index，海岛人类活动干扰指数，无量纲；VP，proportion of vegetation area，植被区面积占比，%；CP，proportion of construction area，建设区面积占比，%；NP，number of patches，斑块数量，个；AWMSI，area-weighted mean shape index，面积加权平均形状指数，无量纲；LII，landscape isolation index，景观隔离度指数，无量纲；Al，altitude，海拔，m；Sl，slope，坡度，°；As，slope aspect，坡向，无量纲；DTS，distance to the shoreline，距岸线距离，m；NDVI，normalized difference vegetation index，归一化植被指数，无量纲；SI1，salinity index 1，盐度指数 1，无量纲；SI2，salinity index 2，盐度指数 2，无量纲；BT，brightness temperature，亮度温度，无量纲；LSWI，land surface wetness index，地表湿度指数，无量纲；BSI，bare soil index，裸土指数，无量纲。下同。

4.2.2.2　潜在影响因子分析

在两个空间尺度上，从两种视角出发，采用三种方法分析植被-土壤系统在各类潜在影响因子作用下的空间格局。

1）两个空间尺度

多尺度是海岛生态学研究的典型特色（Sfenthourakis et al.，2012；Chi et al.，2018a，2019c；Hattermann et al.，2018）。如前所述，清晰的边界使得每个海岛都是相对独立的个体，也使得海岛整体成为天然形成的研究尺度；海岛内不同区域的生态特征也可能具有显著差异，形成了海岛内部的点位或评价单元研究尺度。本研究中的植被-土壤系统在海岛和点位两个尺度上表现出空间分异，同时潜在影响因子也在两个尺度上对植被-土壤系统的空间格局产生作用。海岛形态仅在海岛尺度上产生影响，地形条件、海洋因子和生态指数则仅在点位尺度上产生影响。景观格局由于自身多尺度的适用性在海岛和点位尺度上均产生影响。在海岛尺度上，以整个海岛作为分析单元计算景观格局的各影响因子。在点位尺度上，以点位周围一定范围的区域作为分析单元计算景观格局的各影响因子，将该范围设定为以点位为圆心、以一定长度作为半径的圆形；为了探求不同大小的分析范围（即以点位为圆心的圆形）的尺度效应，将圆形的半径分别设定为 50 m、100 m、150 m 和 200 m，并在各范围内计算景观格局因子。即，在点位尺度上可得到 4 个分析范围内的景观格局因子结果。

2）两种视角

从单因子影响和多因子复合影响两种视角分析海岛植被-土壤系统对潜在影响因子的空间响应。在单因子影响的视角下，分析各植被-土壤指标在任意一个影响因子作用下的变化特征，以揭示植被-土壤系统对单因子的空间响应；在多因子复合影响视角下，剖析植被和土壤指数在各因子综合影响下的变化特征，以揭示多因子复合影响下植被-土壤系统的空间响应，并定量辨识不同因子的影响程度。

3）三种方法

采用回归分析、相关分析和典范对应分析（canonical correspondence analysis，CCA）三种方法，从两种视角揭示植被-土壤系统在两个空间尺度下对潜在影响因子的空间响应。

回归分析用来开展海岛尺度上单因子视角的分析。通过 Excel，生成各植被和土壤指标与各影响因子的回归方程。尝试进行线性函数、指数函数、对数函数和幂函数 4

种函数的回归分析，并选择其中具有最高 R^2 的回归方程进行分析。

相关分析用来开展点位尺度上单因子视角的分析。通过 IBM SPSS 18，生成各植被和土壤指标与各影响因子的相关系数。

CCA 排序用来开展两个空间尺度上多因子视角的研究。开展两种类型的 CCA 排序。第一种类型目的为揭示复杂因子影响下海岛物种的空间格局；依次将乔木层、灌木层和草本层的物种 IV 作为物种数据，即输入"海岛/点位×物种 IV"矩阵，将植被和土壤指数以及潜在影响因子作为环境因子数据，即输入"海岛/点位×环境因子"矩阵。第二种类型旨在揭示潜在影响因子复合作用下植被和土壤指数的空间格局；将植被和土壤指标作为物种数据，即输入"海岛/点位×植被和土壤指标"矩阵，将潜在影响因子作为环境因子数据，即输入"海岛/点位×潜在影响因子"矩阵。进而，根据典范特征值来判断不同因子对于植被−土壤系统空间格局的贡献率（Chi et al.，2016）。

4.2.3　海岛植被−土壤系统的关键影响因子辨识

4.2.3.1　单因子影响

在海岛尺度上，植被和土壤指标与潜在影响因子的回归方程见表 4-5 和表 4-6。根据 R^2 的大小，可将回归方程代表的空间响应分为不灵敏（$R^2 < 0.3$）、较灵敏（$0.3 \leqslant R^2 < 0.6$）和非常灵敏（$R^2 \geqslant 0.6$）3 种程度；根据方程性质，可将趋势线划分为增长和降低趋势，其意味着随着自变量的增加，因变量分别呈单调增长和降低的变化特征。可以发现，植被和土壤指标对部分的潜在影响因子表现出了灵敏的响应。在 18 个植被和土壤指标中，分别有 6 个和 5 个指标对 IA 响应非常灵敏和较灵敏，仅有 2 个指标对 ISI 响应较灵敏，分别有 1 个和 9 个指标对 ISN 响应非常灵敏和较灵敏，分别有 9 个和 7 个指标对 SRP 响应非常灵敏和较灵敏，分别有 3 个和 8 个指标对 IHII 响应非常灵敏和较灵敏，分别有 7 个和 2 个指标对 VP 响应非常灵敏和较灵敏，有 3 个指标对 CP 响应较灵敏，分别有 3 个和 6 个指标对 NP 响应非常灵敏和较灵敏，分别有 2 个和 6 个指标对 AWMSI 响应非常灵敏和较灵敏，分别有 3 个和 4 个指标对 LII 响应非常灵敏和较灵敏。对于 3 个综合指标而言，VCI 和 VSSCI 对 IA、SRP、IHII、VP、NP 和 AWMSI 响应非常灵敏或较灵敏，其中趋势线对 VP 呈增长趋势，对其他因子均呈降低趋势；SCI 仅对 SRP 响应较灵敏，且趋势线呈降低趋势。

在点位尺度上，植被和土壤指标与潜在影响因子的相关系数见表 4-7 和表 4-8。根据显著性，可将空间响应分为不灵敏（$P \geqslant 0.05$）、较灵敏（$0.01 \leqslant P < 0.05$）和非常灵

表4-5　洞头群岛海岛尺度上植被和土壤指标与潜在影响因子（IA、ISI、ISN、SRP和IHII）的回归方程

项目	IA			ISI			ISN			SRP			IHII		
	类型	R^2	趋势	类型	R^2	趋势	类型	R^2	趋势	类型	R^2	趋势	类型	R^2	趋势
TCo	b	0.37	D	d	0.24	I	d	0.36	I	b	0.45	D	b	0.24	D
TH'	d	0.69	D	d	0.22	D	d	0.35	I	b	0.50	D	b	0.49	D
TE	c	0.82	D	c	0.21	D	d	0.41	I	b	0.58	D	b	0.57	D
SCo	c	0.67	D	a	0.02	D	d	0.19	I	b	0.54	D	b	0.42	D
SH'	b	0.65	D	b	0.06	I	d	0.28	I	b	0.63	D	b	0.33	D
SE	b	0.75	D	b	0.07	I	a	0.54	I	a	0.89	D	a	0.65	D
HCo	a	0.14	I	c	0.18	D	a	0.32	D	d	0.57	I	d	0.30	I
HH'	d	0.08	I	b	0.01	I	b	0.05	D	d	0.26	I	d	0.18	I
HE	a	0.20	D	c	0.33	I	d	0.26	I	b	0.46	D	b	0.15	D
BD	a	0.28	I	c	0.38	D	c	0.13	D	a	0.30	I	a	0.06	I
pH	a	0.65	I	c	0.01	D	c	0.36	D	a	0.79	I	a	0.75	I
MC	c	0.12	I	b	0.00	I	a	0.60	I	d	0.61	I	c	0.67	I
S	d	0.36	I	c	0.19	I	c	0.25	D	a	0.61	I	a	0.38	I
TC	b	0.35	D	d	0.13	I	d	0.41	I	d	0.65	D	b	0.23	D
TN	b	0.37	D	c	0.25	D	c	0.43	D	c	0.63	D	b	0.26	D
TOC	a	0.20	D	a	0.26	D	a	0.56	D	c	0.65	D	c	0.30	D
AP	c	0.03	D	c	0.16	D	b	0.02	I	a	0.02	I	a	0.06	D
AK	d	0.42	I	c	0.04	I	c	0.14	D	a	0.60	D	a	0.44	I
VCI	c	0.69	D	c	0.02	D	d	0.27	I	b	0.68	I	b	0.44	D
SCI	a	0.19	D	c	0.14	I	a	0.25	I	c	0.36	D	c	0.10	D
VSSCI	b	0.63	D	b	0.35	I	a	0.35	I	b	0.68	D	b	0.38	D

注：a—线性函数；b—指数函数；c—对数函数；d—幂函数。I—增长趋势；D—降低趋势。

表4-6 洞头群岛海岛尺度上植被和土壤指标与潜在影响因子
（VP、CP、NP、AWMSI 和 LII）的回归方程

项目	VP			CP			NP			AWMSI			LII		
	类型	R^2	趋势	类型	R^2	趋势	类型	R^2	趋势	类型	R^2	趋势	类型	R^2	趋势
TCo	d	0.37	I	a	0.01	D	a	0.21	D	a	0.18	D	a	0.20	I
TH'	d	0.75	I	c	0.41	D	d	0.64	D	d	0.63	D	b	0.04	I
TE	d	0.83	I	c	0.50	D	c	0.82	D	c	0.83	D	b	0.14	I
SCo	d	0.76	I	b	0.21	D	c	0.63	D	d	0.50	D	b	0.08	I
SH'	d	0.75	I	b	0.04	D	c	0.46	D	c	0.40	D	a	0.02	I
SE	d	0.91	I	c	0.19	D	c	0.51	D	a	0.44	D	a	0.18	I
HCo	b	0.08	D	d	0.17	I	b	0.09	I	b	0.07	I	b	0.77	D
HH'	d	0.02	D	d	0.29	I	b	0.07	I	b	0.08	I	b	0.48	D
HE	d	0.25	I	c	0.07	I	a	0.05	D	a	0.02	D	d	0.09	I
BD	c	0.16	D	c	0.04	D	b	0.18	I	b	0.09	I	a	0.04	D
pH	c	0.84	D	c	0.38	I	c	0.42	I	a	0.39	I	b	0.36	I
MC	a	0.23	D	d	0.47	I	c	0.08	I	c	0.09	I	b	0.74	I
S	b	0.52	D	b	0.20	I	d	0.33	I	d	0.38	I	c	0.04	I
TC	d	0.22	D	d	0.04	D	b	0.23	D	b	0.18	D	a	0.49	I
TN	d	0.28	D	c	0.04	I	b	0.22	D	a	0.15	D	a	0.49	I
TOC	c	0.14	I	c	0.03	D	c	0.11	D	a	0.07	D	a	0.65	I
AP	a	0.04	D	a	0.02	D	c	0.06	D	c	0.08	D	d	0.10	I
AK	a	0.74	D	b	0.19	I	d	0.35	I	d	0.34	I	b	0.01	I
VCI	d	0.81	I	a	0.13	D	c	0.63	D	a	0.57	D	d	0.02	I
SCI	c	0.09	I	d	0.01	I	c	0.14	D	a	0.10	D	a	0.29	I
VSSCI	d	0.62	I	b	0.06	D	c	0.46	D	b	0.41	D	b	0.12	I

注：a—线性函数；b—指数函数；c—对数函数；d—幂函数。I—增长趋势；D—降低趋势。

表 4-7 洞头群岛点位尺度上植被和土壤指标与潜在影响因子（地形条件、海洋因子和生态指数）的相关系数

项目	AI	SI	As	DTS	NDVI	SI1	SI2	BT	LSWI	BSI
TCo	0.482**	0.434**	-0.092	-0.132	0.659**	-0.680**	-0.273**	-0.485**	0.572**	-0.740**
TH'	0.405**	0.289**	-0.028	-0.092	0.499**	-0.509**	-0.205*	-0.437**	0.418**	-0.554**
TE	0.384**	0.356**	-0.017	-0.121	0.525**	-0.529**	-0.197*	-0.419**	0.417**	-0.563**
SCo	0.425**	0.376**	-0.141	-0.030	0.584**	-0.552**	-0.099	-0.495**	0.377*	-0.555**
SH'	0.634**	0.394**	-0.223*	-0.212*	0.577**	-0.636**	-0.319**	-0.579**	0.419**	-0.605**
SE	0.566**	0.437**	-0.259**	-0.270**	0.513**	-0.567**	-0.278**	-0.554**	0.381**	-0.530**
HCo	-0.128	-0.353**	0.027	0.083	-0.331**	0.324**	0.093	0.288**	-0.344**	0.419**
HH'	0.037	-0.242*	0.168	0.098	0.073	0.096	0.239*	0.136	-0.206*	0.070
HE	0.104	0.025	0.065	0.153	0.206*	-0.093	0.104	0.061	-0.066	-0.109
BD	-0.324**	-0.288**	0.084	0.279**	-0.231*	0.346**	0.324**	0.426**	-0.272**	0.312**
pH	-0.579**	-0.453**	0.200*	0.144	-0.658**	0.644**	0.192*	0.497**	-0.424**	0.640**
MC	-0.108	-0.180	0.015	0.064	-0.123	0.048	-0.061	0.000	-0.018	0.080
S	-0.264**	-0.145	0.062	-0.123	-0.351**	0.306**	0.053	0.138	-0.189*	0.311**
TC	0.167	0.472**	-0.101	-0.212*	0.332**	0.416**	-0.327**	-0.329**	0.309**	-0.403**
TN	0.199**	0.464**	-0.083	-0.248**	0.371**	-0.417**	-0.240*	-0.398**	0.317**	-0.422**
TOC	0.153	0.351**	0.023	-0.186	0.355**	-0.318**	-0.099	-0.195*	0.240**	-0.356**
AP	-0.212*	-0.103	0.167	0.086	-0.040	0.084	0.112	0.060	-0.009	0.057
AK	-0.411**	-0.230*	0.064	0.144	-0.370**	0.327**	0.049	0.293**	-0.197*	0.337**
VCI	0.571**	0.372**	-0.118	-0.141	0.654**	-0.645**	-0.219*	-0.528**	0.437**	-0.652**
SCI	0.045	0.261*	-0.001	-0.144	0.268**	-0.302**	-0.182	-0.260**	0.235**	-0.296**
VSSCI	0.495**	0.433**	-0.095	-0.162	0.662**	-0.662**	-0.249**	-0.521**	0.442**	-0.660**

注：* $P<0.05$；** $P<0.01$。

表4-8　洞头群岛点位尺度上植被和土壤指标与
潜在影响因子（景观格局）的相关系数

项目	IHII	50 m					100 m					150 m					200 m				
		VP	CP	NP	AWMSI	LII	VP	CP	NP	AWMSI	LII	VP	CP	NP	AWMSI	LII	VP	CP	NP	AWMSI	LII
TC₀	-0.544**	-0.461**	-0.355**	0.114	0.136	0.226*	0.482**	-0.291**	0.215*	0.279**	-0.004	0.500**	-0.290**	0.230**	0.323**	0.163	0.522**	-0.305**	0.218*	0.307**	0.163
TH'	-0.455**	-0.393**	-0.254**	0.242**	0.245**	0.166	0.432**	-0.249*	0.175	0.236*	-0.027	0.456**	-0.259*	0.134	0.271**	-0.052	0.476**	-0.271*	0.117	0.236*	0.197*
TE	-0.462**	-0.417**	-0.265**	0.248**	0.196*	0.169	0.439**	-0.236*	0.200*	0.241*	-0.024	0.452**	-0.228*	0.167	0.279**	-0.057	0.466**	-0.225*	0.157	0.261**	0.186
SG₀	-0.372**	0.221*	-0.296**	0.147	0.209*	0.037	0.271**	-0.277**	0.181	0.260**	-0.033	0.304**	-0.259*	0.217*	0.335**	0.051	0.338**	-0.255*	0.211*	0.341**	0.031
SH'	-0.589**	0.497**	-0.269**	0.139	0.274**	0.127	0.555**	-0.286**	0.164	0.275**	-0.029	0.588**	-0.293*	0.164	0.277**	-0.072	0.620**	-0.292**	0.139	0.243**	0.178
SE	-0.530**	0.415**	-0.204*	0.150	0.255**	0.131	0.474**	-0.222*	0.179	0.303**	-0.055	0.512**	-0.234*	0.176	0.292**	-0.082	0.531**	-0.217*	0.140	0.247**	0.113
HG₀	0.156	-0.061	0.199*	-0.011	-0.001	-0.179	-0.074	0.179	-0.110	-0.097	0.039	-0.095	0.163	-0.188*	-0.176	0.004	-0.118	0.162	-0.164	-0.197*	-0.200*
HH'	0.232*	-0.213*	0.228*	0.014	0.039	-0.053	-0.201*	0.210*	0.001	-0.007	-0.088	-0.190*	0.182	-0.040	-0.047	0.111	-0.184	0.204*	-0.047	-0.060	-0.057
HE	0.097	-0.068	0.059	-0.042	-0.082	0.059	-0.075	0.060	0.024	-0.021	-0.202*	-0.085	0.063	0.033	-0.009	0.028	-0.071	0.100	0.038	0.014	0.063
BD	0.410**	-0.286*	0.163	-0.086	-0.269**	-0.161	-0.381**	0.183	-0.151	-0.254**	-0.221*	-0.429**	0.178	-0.120	-0.224*	0.007	-0.441**	0.187	-0.087	-0.167	-0.056
pH	0.410**	-0.232*	0.169	-0.206*	-0.277**	-0.199*	-0.306**	0.183	-0.281**	-0.379**	0.001	-0.359**	0.194*	-0.329**	-0.436**	-0.044	-0.399**	0.179	-0.272**	-0.413**	-0.108
MC	0.022	-0.038	-0.058	-0.039	-0.053	-0.125	-0.059	-0.022	-0.051	-0.068	-0.036	-0.073	0.013	-0.130	-0.089	0.085	-0.071	0.014	-0.087	-0.116	0.045
S	0.023	0.073	-0.041	-0.093	-0.087	-0.057	0.057	-0.049	-0.144	-0.143	-0.047	0.039	-0.025	-0.174	-0.159	-0.047	-0.010	-0.013	-0.130	-0.187	-0.041
TC	-0.282*	0.211*	-0.088	0.066	0.130	0.060	0.254*	-0.089	0.227	0.244**	0.008	0.294*	-0.102	0.259*	0.259**	0.035	0.324*	-0.130	0.258*	0.267**	0.193*
TN	-0.265*	0.095	-0.061	0.067	0.183	0.063	0.179	-0.090	0.236*	0.304**	-0.030	0.229*	-0.101	0.305**	0.334**	0.068	0.275*	-0.133	0.276**	0.329**	0.099
TOC	-0.157	0.034	0.062	0.061	0.138	0.076	0.116	-0.011	0.181	0.251**	-0.026	0.161	0.000	0.247*	0.263**	0.112	0.190	0.005	0.212*	0.246**	0.077
AP	0.309**	-0.415**	0.244**	0.056	0.109	-0.119	-0.370**	0.247*	0.038	0.092	0.362**	-0.337**	0.240*	0.002	0.069	0.022	-0.328**	0.236*	0.027	0.088	-0.035
AK	0.193	-0.094	0.054	-0.116	-0.172	-0.077	-0.148	0.065	-0.064	-0.169	-0.036	-0.174	0.092	-0.115	-0.165	-0.071	-0.211	0.090	-0.069	-0.142	-0.051
VCI	-0.521**	0.426**	-0.250*	0.212*	0.261**	0.152	0.479**	-0.240*	0.225*	0.312**	-0.056	0.511**	-0.248*	0.199*	0.332**	0.010	0.535**	-0.241*	0.180	0.301**	0.150
SCI	-0.088	-0.098	0.045	0.090	0.219*	-0.019	-0.005	0.017	0.227	0.268**	0.080	0.050	0.028	0.226*	0.265**	0.133	0.085	0.007	0.221*	0.265**	0.123
VSSCI	-0.456**	0.315**	-0.186	0.199*	0.289**	0.104	0.391**	-0.181	0.277**	0.358**	-0.031	0.438**	-0.182	0.267*	0.373**	0.071	0.474**	-0.183	0.245*	0.352**	0.185

注：* $P<0.05$；** $P<0.01$。

敏($P<0.01$)3 种程度。在 18 个植被和土壤指标中，分别有 10 个和 2 个指标对 Al 响应非常灵敏和较灵敏，分别有 12 个和 2 个指标对 Sl 响应非常灵敏和较灵敏，分别有 1 个和 2 个指标对 As 响应非常灵敏和较灵敏，分别有 3 个和 2 个指标对 DTS 响应非常灵敏和较灵敏，分别有 13 个和 2 个指标对 NDVI 响应非常灵敏和较灵敏，有 14 个指标对 SI1 响应非常灵敏，分别有 5 个和 5 个指标对 SI2 响应非常灵敏和较灵敏，分别有 12 个和 1 个指标对 BT 响应非常灵敏和较灵敏，分别有 11 个和 4 个指标对 LSWI 响应非常灵敏和较灵敏，有 14 个指标对 BSI 响应非常灵敏，分别有 11 个和 2 个指标对 IHII 响应非常灵敏和较灵敏。VP、CP、NP、AWMSI 和 LII 的相关系数在不同分析范围(50 m、100 m、150 m 和 200 m)中发生变化，选择非常灵敏和较灵敏指标最多的分析尺度开展下一步的分析，即 LII 选择 100 m，NP 选择 150 m，而 VP、CP 和 AWMSI 选择 200 m。分别有 11 个和 2 个指标对 VP 响应非常灵敏和较灵敏，分别有 4 个和 5 个指标对 CP 响应非常灵敏和较灵敏，分别有 4 个和 3 个指标对 NP 响应非常灵敏和较灵敏，分别有 8 个和 4 个指标对 AWMSI 响应非常灵敏和较灵敏，分别有 1 个和 2 个指标对 LII 响应非常灵敏和较灵敏。3 个综合指标均对 Sl、NDVI、SI1、BT、LSWI、BSI、NP 和 AWMSI 响应非常灵敏或较灵敏，VCI 和 VSSCI 对 Al、SI2、IHII 和 VP 响应非常灵敏或较灵敏，仅有 VCI 对 CP 响应较灵敏；3 个综合指数均对 As、DTS 和 LII 响应不灵敏。

4.2.3.2 多因子复合影响

1)植物物种空间格局

物种与环境因子的 CCA 排序图如图 4-6 和图 4-7 所示。此处的环境因子包括植被和土壤指标以及各类潜在影响因子。物种在图中与某一环境因子的相对位置远近代表着与该环境因子的关系，环境因子在图中的长度代表着其对物种格局的影响程度。

海岛尺度上物种与环境因子的 CCA 排序如图 4-6 所示。在乔木层，所有物种呈分散状态分布于图中，优势种除了物种 4 和物种 8 之外，相互距离相对较近。在灌木层，所有物种和优势种总体上均集中分布于原点附近。在草本层，大部分物种，包括所有优势种，分布于原点附近，一小部分物种分散分布于图中边缘位置。点位尺度上物种与环境因子的 CCA 排序图如图 4-7 所示。在乔木层，绝大部分物种，包括全部优势种，高度集中于原点附近。在灌木层，物种总体上也集中分布在原点附近，但其集中度低于乔木物种。在草本层，相较于木本物种，草本物种在图中的分布较为分散；优势种中，物种 1、物种 3、物种 5、物种 8、物种 9 和物种 10 分布于第三象限，且互相之间距离较近，物种 4、物种 6 和物种 7 较为紧密地分布于第一象限，物种 2 则分布于图中边缘位置，距离其他优势种较远。

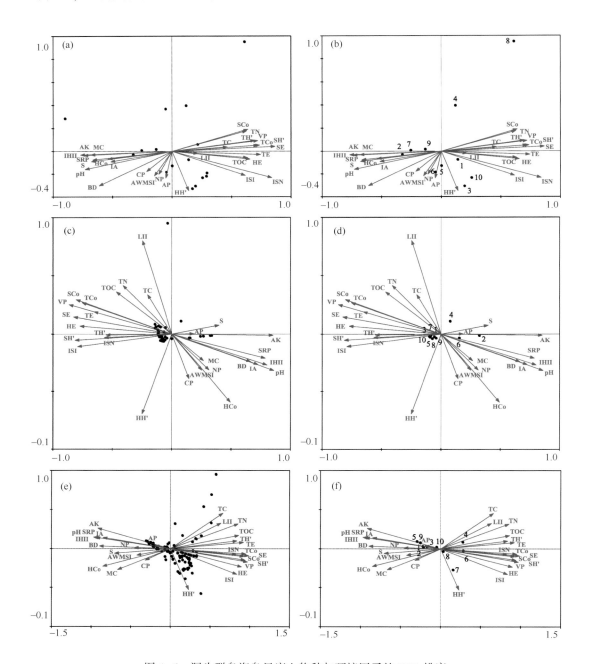

图 4-6　洞头群岛海岛尺度上物种与环境因子的 CCA 排序

（a）、（c）和（e）分别为乔木层、灌木层和草本层的全部物种；（b）、（d）和（f）分别为乔木层、灌木层和草本层的
优势种，优势种序号与表 4-1 一致。环境因子包括植被-土壤指标和潜在影响因子两个部分

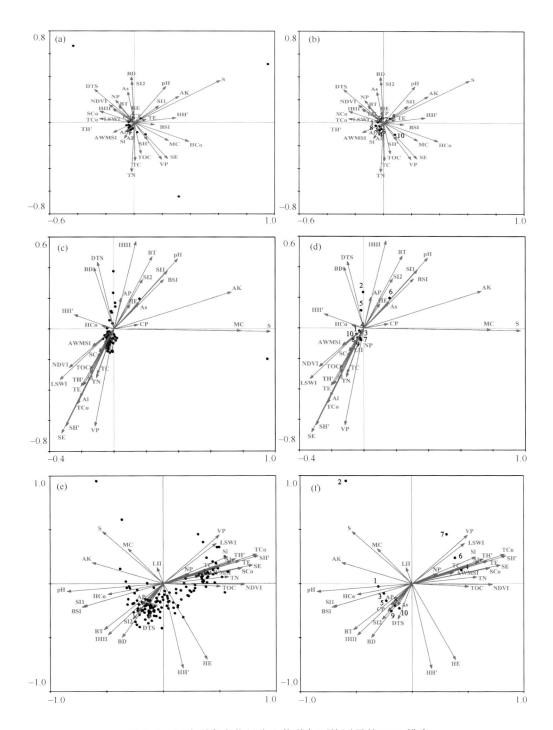

图 4-7　洞头群岛点位尺度上物种与环境因子的 CCA 排序

（a）、（c）和（e）分别为乔木层、灌木层和草本层的全部物种；（b）、（d）和（f）分别为乔木层、灌木层和草本层的优势种

综上，海岛尺度上乔、灌、草三层优势种总体上集中分布于原点附近，说明了在该尺度下物种分布对环境因子的敏感性较低。虽然泥沙岛和基岩岛之间生境条件和优势种均具有较大差别，但9个基岩岛之间差异相对较小，造成了海岛尺度上物种分布格局的不敏感性。在点位尺度上，物种分布格局对环境因子的敏感性沿乔木层、灌木层和草本层依次升高，尤其是草本植物表现出了规律性的分布特征，再次说明草本植物分布广泛，对环境响应灵敏，且生境类型多样。

2）植被和土壤指标空间格局

海岛和点位尺度上植被和土壤指标与潜在影响因子的 CCA 排序如图 4-8 所示。在

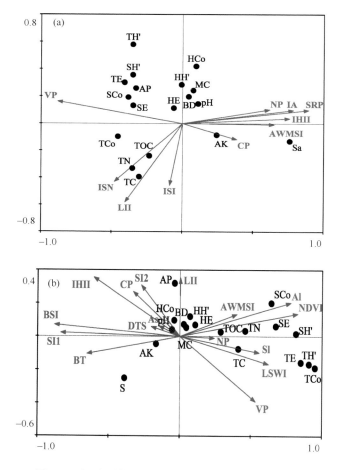

图 4-8　洞头群岛海岛（a）和点位（b）尺度上植被和
土壤指标与潜在影响因子的 CCA 排序

海岛尺度上，TCo、TN、TC 和 TOC 分布于 ISN、VP 和 LII 较高且 IA、SRP、IHII、NP 和 AWMSI 较低的位置，S 则呈现相反的位置特征；TH′、TE、SCo、SH′、SE 和 AP 分布于 VP 较高且 IA、SRP、IHII、NP 和 AWMSI 较低的位置，AK 则呈现相反的位置特征；其余指标，包括 HCo、HH′、HE、BD、pH 和 MC，位于 ISN 和 LII 较低的位置。在点位尺度上，TCo、TH′、TE、SCo、SH′、SE、TC、TN 和 TOC 位于 AI、SI、NDVI、LSWI、AWMSI 和 VP 较高且 SI1、BT、BSI 和 IHII 较低的位置，S 则表现出相反的空间倾向；AP 位于 IHII 和 LII 较高且 VP 较低的位置；其余指标主要位于原点附近，没有明显的空间倾向。

　　海岛和点位与潜在影响因子的 CCA 排序如图 4-9 所示。在海岛尺度上，VCI 和 VSSCI 较高的海岛往往拥有较低的 IA、SRP、IHII、NP 和 AWMSI 以及较高的 ISN 和 VP；SCI 较高的海岛往往具有较高的 ISN 和 LII。在点位尺度上，VCI 和 VSSCI 较高的点位往往拥有较高的 AI、SI、NDVI、LSWI、AWMSI 和 VP 以及较低的 SI1、BT、BSI 和 IHII，点位尺度上的 SCI 并没有表现出明显的空间倾向。

　　3）不同因子对植被-土壤系统空间分异的贡献率

　　植被和土壤指标对海岛物种分布格局的影响贡献率见表 4-9。在海岛尺度上，乔木层中 SE、pH 和 MC 对物种分布影响的贡献率最高，AP、HH′ 和 TC 的贡献率最低；在灌木层中，pH、AK 和 SE 的贡献率最高，AP、TC 和 S 的贡献率最低；在草本层中，SE、pH 和 TCo 表现出了最高的贡献率，AP、HH′ 和 MC 的贡献率最低。在点位尺度上，各指标的贡献率与海岛尺度表现出了明显的差异。在乔木层，S、HCo 和 MC 是贡献率最高的 3 个指标，HE、SH′ 和 TH 的贡献率最低；在灌木层，S、MC 和 SH′ 的贡献率最高，TC、TOC 和 TN 表现出了最低的贡献率；在草本层，SH′、pH 和 TCo 取得了最高的贡献率，AP、MC 和 BD 的贡献率最低。在物种分布格局的环境因子中，植被指标与物种数据具有内在关联，土壤指标构成物种的生境因子。由于物种仅在点位尺度上、在灌木层和草本层中对生境因子响应灵敏，下面仅对该尺度上的灌木和草本物种的影响因子进行分析。S、MC 和 AK 是灌木层中最重要的土壤因子，pH、TN 和 S 是草本层中最重要的土壤因子；可以发现，S 作为土壤盐渍化的指示因子，对于研究区灌木层和草本层物种空间格局均具有重要影响，特别是在泥沙岛上。

　　各类潜在影响因子对海岛植被-土壤系统空间格局的影响贡献率见表 4-10。在海岛尺度上，ISN、VP、IHII、SRP、ISI 和 IA 对物种分布格局的影响明显高于其他潜在影响因子；在对植被和土壤指标的影响贡献中，SRP、VP、IA 和 IHII 贡献率处于

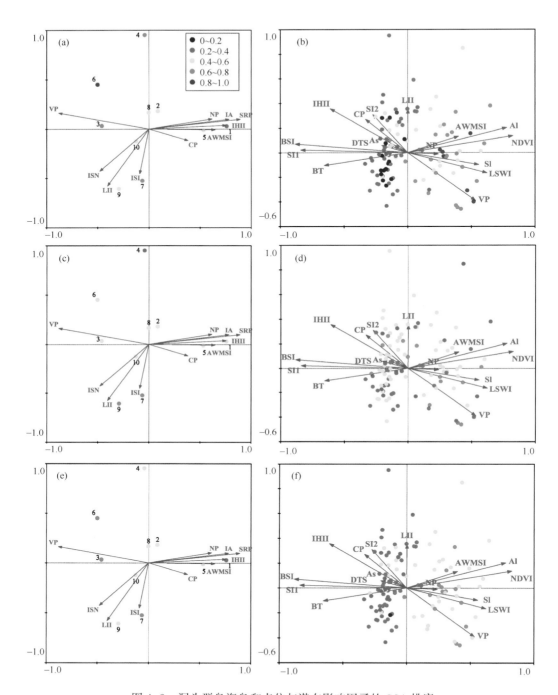

图 4-9　洞头群岛海岛和点位与潜在影响因子的 CCA 排序

图中实心圆代表着海岛或点位，不同颜色代表着海岛或点位的指标值大小，见图例。(a)、(c) 和 (e) 分别为
海岛尺度上 VCI、SCI 和 VSSCI 的大小差异；(b)、(d) 和 (f) 分别为点位尺度上 VCI、SCI 和 VSSCI 的大小差异

较高水平，AWMSI、NP、LII 和 ISN 处于中等水平，CP 和 ISI 处于较低水平。在点位尺度上，DTS、VP 和 SI2 对乔木层物种分布格局的影响最大，SI1、VP 和 LII 对灌木层物种分布格局的影响最大，BSI、NDVI 和 SI1 对草本层物种分布格局的影响最大；在对植被和土壤指标的影响贡献中，BSI、SI1、NDVI 和 Al 的贡献率远高于其他影响因子，As 和 LII 的贡献率最低。

表 4-9　洞头群岛植被和土壤指标对物种分布格局的影响（%）

指标	海岛尺度			点位尺度		
	乔木层	灌木层	草本层	乔木层	灌木层	草本层
TCo	6.21	6.70	6.38	6.20	5.94	7.47
TH′	6.36	4.64	5.47	4.23	4.66	5.47
TE	6.04	5.54	6.20	4.58	4.77	5.59
SCo	6.12	7.08	6.29	5.24	6.24	5.98
SH′	6.74	6.95	6.35	4.16	7.22	7.64
SE	7.92	7.39	6.77	6.42	6.84	6.73
HCo	4.13	5.35	5.65	7.82	5.37	4.61
HH′	1.95	4.78	3.26	6.20	4.84	6.73
HE	5.93	6.72	6.01	3.44	4.37	6.06
BD	6.34	5.87	5.96	5.22	3.94	4.46
pH	7.49	7.85	6.66	5.21	6.95	7.51
MC	7.06	4.73	4.67	7.09	7.28	3.36
S	5.65	4.61	4.73	9.13	9.50	5.37
TC	3.23	3.37	4.87	4.77	3.04	4.60
TN	4.92	4.64	5.84	6.33	3.91	5.41
TOC	5.14	4.96	5.70	4.41	3.65	4.59
AP	1.84	1.36	2.92	4.38	4.28	3.17
AK	6.93	7.44	6.26	5.17	7.20	5.24

表 4-10　洞头群岛各类潜在影响因子对植被-土壤系统空间格局的影响（%）

影响因子	海岛尺度				影响因子	点位尺度			
	乔木层	灌木层	草本层	植被-土壤指标		乔木层	灌木层	草本层	植被-土壤指标
IHII	13.54	12.83	13.11	12.07	IHII	6.75	7.13	7.72	7.42
VP	14.05	13.51	13.40	16.80	VP	8.96	7.93	8.17	5.96
CP	4.70	5.93	4.96	3.41	CP	7.19	4.83	4.62	2.36
NP	6.71	6.99	6.96	8.40	NP	4.16	2.95	4.07	1.24

续表

影响因子	海岛尺度				影响因子	点位尺度			
	乔木层	灌木层	草本层	植被－土壤指标		乔木层	灌木层	草本层	植被－土壤指标
AWMSI	5.83	6.34	6.53	8.92	AWMSI	6.44	4.83	5.32	3.26
LII	4.15	9.01	7.96	8.14	LII	1.64	7.55	1.97	0.67
IA	11.15	11.20	11.49	13.39	AI	8.05	6.48	7.59	12.02
ISI	11.45	11.57	11.46	4.20	SI	3.23	6.08	7.71	6.18
ISN	16.06	10.39	11.34	7.61	As	5.73	4.64	2.84	0.56
SRP	12.37	12.22	12.79	17.06	DTS	10.06	6.38	4.19	1.01
					NDVI	6.26	7.35	8.79	13.15
					SI1	5.49	8.02	8.71	13.48
					SI2	8.47	4.43	4.37	1.80
					BT	5.68	6.89	7.83	8.31
					LSWI	6.46	7.13	6.80	7.64
					BSI	5.44	7.38	9.29	14.94

4.2.3.3 不同尺度关键影响因子辨识

1) *海岛尺度*

在单因子影响视角下,将某个影响因子的所有回归方程的 R^2 之和作为该因子的总影响,结果与多重因子影响视角下各因子的贡献率高度一致。SRP、VP、IA 和 IHII 在该尺度上对海岛植被－土壤系统空间格局影响贡献率最大,AWMSI、NP、LII 和 ISN 拥有中等的影响,ISI 和 CP 的影响最小。SRP 和 IHII 均代表了人类活动的影响。SRP 代表着海岛的围填海活动强度,围填海在拓展了海岸带人类活动发展空间的同时对自然生态系统造成了不可逆的负面影响,其影响涉及地形地貌、水动力、生境和环境质量等方面(林磊等,2016;Chen et al.,2018a)。在 18 个植被和土壤指标中,共有 16 个植被和土壤指标对 SRP 的空间响应灵敏,其中 HCo、BD、pH、MC、S 和 AK 呈增长趋势,其余指标呈降低趋势;3 个综合指标,即 VCI、SCI 和 VSSCI 均对 SRP 的空间响应灵敏且呈降低趋势,即海岛 SRP 的增加带来了植被状况、土壤状况以及植被－土壤系统总体状况的恶化。IHII 是基于景观格局的人类活动干扰指数,结果显示共有 11 个植被和土壤指标对 IHII 空间响应灵敏,且其中大部分呈降低趋势,VCI 和 VSSCI 响应灵敏且呈降低趋势,SCI 则响应不灵敏。IA 与 SRP 和 IHII 关系密切,且三者之间呈明显的正相关。围填海活动主要可见于面积较大的海岛，包括灵昆岛（Is. 1）、霓屿岛（Is. 2）、状元岙岛（Is. 5）和洞头岛（Is. 8），其中灵昆岛拥有研究区所有海岛中最大的 IA 和 SRP。此外，由前文可知，面积较大的海岛往往承载着更多的人类活动，从而拥有较高的 IHII。因此，与 SRP 和 IHII 相似，大部分植被和土壤指标以及 VCI 和 VSSCI 对 IA 响应灵敏且呈降低趋势。VP 测度了林地、灌草地和湿地面积占海岛面积的比例，其等同于植被覆盖率，是判断区域生态状况的常用指标（Zhou et al.，2006）。本研究中，共有 11 个植被和土壤指标对 VP 响应灵敏，且大部分指标呈增长趋势；此外，VP 的增大也带来了海岛 VCI 和 VSSCI 的增高。ISI 和 CP 对海岛植被-土壤系统的影响较低。ISI 的低影响也与以往的海岛生态系统研究结果相一致（Chi et al.，2018a，2019c），这说明了 ISI 并不是影响海岛生态系统空间格局的重要因子；CP 的低影响可能与研究区各岛之间 CP 差异较小有关。

总体来看，在 VP 和 ISN 较高且 IA、SRP、IHII、NP 和 AWMSI 较低的海岛上，VCI 和 VSSCI 往往较高；较高的 SCI 则一般位于 ISN 和 LII 较高的海岛上；SRP、VP、IA 和 IHII 是该尺度最主要的影响因子。

2）点位尺度

基于单因子影响视角下各因子相关系数之和以及多因子复合影响视角下各因子的贡献率，可以发现两种视角下各因子的影响辨识结果基本一致。生态指数表现出了比其他因子更高的影响程度，其中 BSI、SI1 和 NDVI 表现出了最高的影响贡献率，并分别反映了地表干度、土壤质量和植被状况。大部分的植被和土壤指标以及三个综合指标与 BSI 和 SI1 呈负相关，与 NDVI 呈正相关，说明了植被-土壤系统对于这三个生态指数的高敏感性。在地形条件中，Al 表现出了相对较高的影响，即在 Al 较高的区域，植被-土壤系统状况总体较好。地形条件对海岛人类活动的空间分布构成影响，在地势低平区域各类开发利用活动较为剧烈，而山地区域大多被林地覆盖，这与我国北方的庙岛群岛的相关研究结果相一致（Chi et al.，2016）。景观格局因子的相关影响总体较低，但 VP 和 IHII 仍然表现出了一定的影响贡献率。与其他影响因子不同，景观格局的尺度效应更加明显且具有特色。随着分析范围的不同，景观格局因子及其生态效应均可能发生显著变化（邬建国，2007；Buffa et al.，2018）。在本研究的点位尺度上，对景观格局因子在 50 m、100 m、150 m 和 200 m 的分析范围分别开展了计算与分析，结果显示在 200 m 的分析范围下，景观格局指数表现出了更高的影响，结合上述分析中显示的景观格局在海岛尺度上的重要作用，可以发现海岛植被-土壤系统在较大的空间尺度上对景观格局更加敏感。

总的来看，在 Al、SI、NDVI、LSWI、AWMSI 和 VP 较高且 SI1、BT、BSI 和 IHII 较低的点位，VCI 和 VSSCI 总体较高，而 SCI 的空间倾向不太明显；BSI、SI1、NDVI 和 Al 是该尺度最主要的影响因子。

4.2.3.4　不同类型海岛主导因子辨识

自然和人为因子共同对研究区植被-土壤系统产生影响，自然因子设定了泥沙岛和基岩岛的基本环境条件，人为因子对海岛植被-土壤系统空间格局的影响与日俱增。

1）泥沙岛

平坦的地形和肥沃的土地使得泥沙岛具有明显的农业开发适宜性（Huang et al.，2008；Chi et al.，2020e）。本研究区的泥沙岛，即灵昆岛（Is.1），在海岛形成初始即有先民在其上种植农作物。目前，海岛的西侧区域，即非围填海区，主要的地表覆盖类型为农田，种植各类作物和果树。近几十年来，作为温州市"半岛工程"的核心部分，灵昆岛（Is.1）向海一侧（东侧）实施了大规模的围填海工程，以拓展温州市的发展空间、促进海洋经济发展（徐日庆等，2005）。围填海区规划为居住、教育和高科技产业发展区（Chi et al.，2020c）。该岛围填海区和非围填海区的地表特征均由人为因子控制，使得海岛植被-土壤系统受到高强度的人类活动影响。从关键影响因子出发，SRP、VP、IA 和 IHII 是海岛尺度上贡献率最高的影响因子。SRP 和 IHII 分别指示着围填海和人类活动负面影响程度（Chi et al.，2020a），因此直接代表了人为因子；VP 在泥沙岛上主要指农作物和果园，这均由人类种植和培育。此外，由于大规模的围填海以及环岛堤坝建设，泥沙岛的 IA 目前也主要受到人类活动的控制。在点位尺度上，BSI、SI1、NDVI 和 Al 是最重要的影响因子，其中 Al 对泥沙岛影响不大，其他三个因子均为生态指数，并指示着具体的地表特征，如干度（Hu et al.，2018）、土壤质量（Allbed et al.，2014）和植被状况（Douaoui et al.，2006），而泥沙岛的地表特征主要由人为因子控制。因此，人类活动已成为泥沙岛植被-土壤系统的主导因子。

2）基岩岛

基岩岛的情况与泥沙岛有相同之处，但又表现出明显的差异。相同点主要为部分基岩岛的地势低平区和沿岸部分区域同样具有较高强度的开发利用和围填海活动；差异之处则表现在地质背景、地形条件、植被状况、人类活动具体类型等方面。研究区的基岩岛与临近大陆具有相同的地质背景，同属于浙东地质构造隆起带（周航，1998）；地形起伏不平，以剥蚀丘陵为主要地貌类型（Chi et al.，2022b）。林地是基岩岛最主要的地表覆盖类型，主要分布在山地区，多为人工林，但有天然树种夹杂在人工林中或在其附近生长。灌草地同样可分为自然和人工两类，前者主要分布于林地内部或林缘，后者主要为城镇区的人工绿地（Chi et al.，2020a）。基岩岛上具体的海岛开发利用类型也与泥沙岛有所不同。受限于地形，各类建筑、公路和其他基础设施以较大规模聚集于洞头岛（Is. 8）、霓屿岛（Is. 2）和状元岙岛（Is. 5）等大岛的地势低平处；农田规模总体较小，主要以碎片化形态分布于居住区边缘。就关键影响因子而言，在海岛尺度上，基岩岛的 IA 同样受到围填海的影响，但其影响远小于泥沙岛。VP 受到自然和人为因子的共同控制。气候条件对植被生长具有基础性作用，极端气象灾害严重影响植被的生长发育；地形因子限制了人类开发利用的空间分布，从而为植被分布预留了空间（Chi et al.，2016，2020a）。同时，人类活动通过人工林种植增加森林覆盖率，通过林火和病虫害防控维持森林生态系统稳定性。在点位尺度上，AI 代表地形因子，在基岩岛上具有重要作用；其他三个代表地表特征的生态指数主要受到植被分布和生长状况以及各类开发利用类型的影响。因此，自然因子和人类活动共同决定了基岩岛植被-土壤系统的空间格局。

4.3　海岛植被和土壤指标空间模拟

4.3.1　空间模拟过程

4.3.1.1　模拟指标筛选

　　开展海岛生态系统健康和韧性的空间评估以及进行海岛空间分区，均需要覆盖海岛全部区域的面状数据，即各个评价单元均应当拥有各指标的结果。但本章中的植被和土壤数据均为基于现场调查的点位数据，无法覆盖评价单元，因此需要开展空间模拟以实现植被和土壤"由点到面"的转换。植被和土壤的空间模拟，又可称为植被制图（vegetation mapping）和土壤制图（soil mapping），是开展生态系统空间特征研究和资源环境管理的重要辅助手段（Hamylton et al.，2020；Minai et al.，2020）。由于模拟精度的限制和明显的不确定性，诸多学者近年来致力于研发兼具准确性和适用性的空间模拟方法和手段，特别是在土壤制图方面，数据土壤制图（digital soil mapping）已成为土壤地理学领域的研究热点（McBratney et al.，2003；Chi et al.，2018c，2019b；Goldman et al.，2020；Leenaars et al.，2020；Yang et al.，2022）。

本章涉及的植被和土壤指标众多，并非所有指标均须开展空间模拟，而是根据下文中开展生态系统健康评估的要求挑选必要的指标。在植被指标中，盖度指标（即 TCo、SCo 和 HCo）反映了植被生长状况，对影响因子的空间响应灵敏，且均与 NDVI 表现出了明显的正相关关系。由于 NDVI 是监测植被生长状况的常用指标，可基于遥感数据较为便利地获取，本身即是可以覆盖整个研究区的面状数据，故采用 NDVI 代表植被生长状况，无须开展空间模拟。在植物多样性方面，草本层的物种丰富度最高，其对环境响应灵敏，且分布最为广泛，而木本植物多为人工林，且对环境响应较不灵敏，故仅采用 HH′ 和 HE 两个指标。土壤指标中，不同指标对不同影响因子表现出了不同的空间响应特征。pH 和 MC 是短期内动态变化明显的指标，单次采样无法全面反映其特征，故不对二者进行空间模拟（Chi et al., 2020d）；TC 和 TOC 均反映了碳储量，前者包括 TOC 和无机碳，无机碳往往以碳酸钙的形式存在，相对稳定，对地表特征和环境因子的变化响应不敏感（Yang et al., 2017），故仅对 TOC 进行空间模拟。综上，对 HH′、HE、BD、S、TOC、TN、AP 和 AK 共 8 个指标进行空间模拟。

4.3.1.2　基于遥感的预测因子体系构建

预测因子的选择对空间模拟效果具有基础性作用，构建一套便于获取且能够全面反映海岛生态特征的预测因子体系是实现兼顾空间模拟准确性和适用性的重要途径。遥感技术的快速发展为预测因子的选择提供了便捷且丰富的数据来源，遥感影像蕴含着不同的生态意义和大量的空间信息（Croft et al., 2012；Wang et al., 2018）。基于上文中海岛植被–土壤系统潜在影响因子的识别和分析结果，通过充分挖掘遥感影像的生态意义和空间信息，构建一套包含光谱信息、生态指数、地形条件、地理位置、景观格局 5 类因子的预测因子体系。该体系一方面吸取了上述潜在影响因子，又根据遥感影像和空间模拟的实际情况进行了调整和扩充。

1）光谱信息

采用包含不同波段的遥感影像原始光谱信息。利用 Landsat 8 卫星多光谱的优势，获取其光谱信息。基于遥感影像中波段原始值，通过元数据文件中的参数对原始像元值进行处理得到各波段的光谱反射率作为预测因子。

2）生态指数

生态指数基于各波段的光谱反射率进行波段运算得到，是对遥感影像的二次加工，可以充分提取各光谱的生态意义。生态指数所采用的预测因子与表 4-4 一致。

3）地形条件

地形条件通过改变自然生境条件和制约人类活动的空间分布影响植被和土壤，该数据基于 Aster GDEM v2 数据获得。由于 As 在点位尺度上的影响较小，仅有 3 个指标对其空间响应灵敏（表 4-7），故选择 Al 和 Sl 作为地形条件的预测因子。

4）地理位置

地理位置是指距离重要地物的相对空间位置。这些重要地物一般具有较小的面积或位于特定区域，但能够通过影响其周边区域进而对植被-土壤系统产生影响，且随着与重要地物距离的增大，受到其影响逐渐减小。海岸线是研究区最重要、最鲜明的地物，承受着来自海洋的各类影响，涉及一系列生态过程。公路虽然面积较小，但以线状形式遍布整个研究区，其通过改变各种开发利用活动的空间分布进而对植被和土壤产生影响。围填海是研究区特定海岛的重要开发利用活动，深刻影响着海岛生态系统。因此，将距岸线、公路和围填海区的距离作为地理位置的预测因子。基于 SPOT 遥感影像获取上述地物的矢量数据，进而采用空间分析方法，通过 ArcGIS 中的 Euclidean Distance 工具生成距岸线距离（DTS）、距公路距离（distance to the road，DTR）和距围填海区距离（distance to the reclamation area，DTRA）。其中 DTS 即为表 4-4 中的海洋因子，DTR 中仅考虑岛群公路和海岛公路，这两种景观小类对周边可能会产生影响，而本地公路对周边的辐射作用相对较弱。

5）景观格局

景观格局从宏观上影响着海岛植被-土壤系统，基于高分辨率遥感影像通过景观类型解译得到。景观格局方面的预测因子与表 4-4 一致。

综上，基于遥感的预测因子体系见表 4-11。经处理分析，得到覆盖所有评价单元的预测因子数据，其空间特征如图 4-10 至图 4-12 所示。

表 4-11　基于遥感的植被和土壤指标预测因子体系

类别	预测因子	获取方法
光谱信息	Landsat 8 卫星各波段光谱反射率：Re1 至 Re7	辐射定标和大气校正
生态指数	植被指数（NDVI）、盐度指数（SI1 和 SI2）、热湿指数（BT、LSWI 和 BSI）	波段运算
地形条件	海拔（Al）和坡度（Sl）	处理分析
地理位置	与重要地物的相对距离，包括 DTS、DTR 和 DTRA	空间分析
景观格局	反映景观格局不同方面的各类指数，包括 IHII、VP、CP、NP、AWMSI 和 LII	解译分析

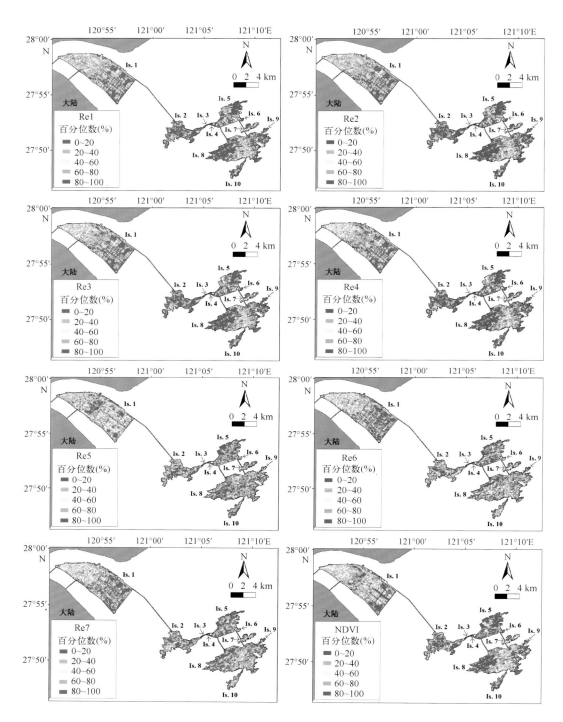

图 4-10　洞头群岛各预测因子的空间分布(一)

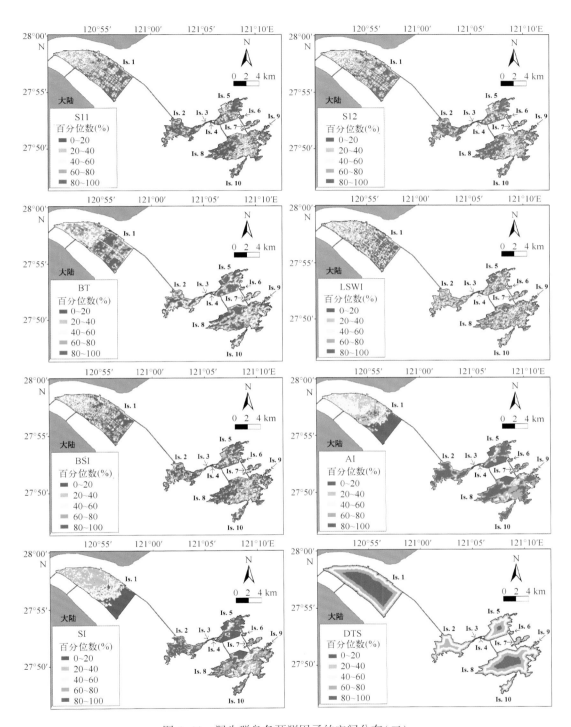

图 4-11　洞头群岛各预测因子的空间分布(二)

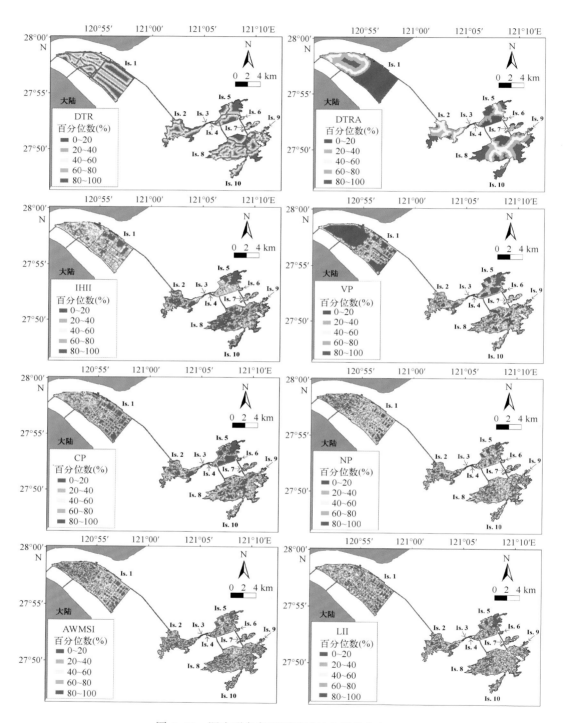

图4-12 洞头群岛各预测因子的空间分布(三)

4.3.1.3 植被和土壤点状指标的空间模拟

采用常用的偏最小二乘回归法(partial least squares regression,PLSR)进行空间模拟,该方法操作简便,可重复性强,是以往相似研究中的常用方法(Viscarra Rossel et al.,2010;Aldabaa et al.,2015;Vermeulen et al.,2017;Chi et al.,2021)。通过Minitab 17,将所有预测因子作为连续变量,将最大分量数设置为10,采用留一法(leave-one-out)进行预测。

通过十折交叉验证法(10-fold cross validation)判断模拟结果的精度和不确定性(Viscarra et al.,2010;Li et al.,2015;Wang et al.,2018)。将研究区的点位数据随机地平均分为10个小组;选取其中任意1个小组作为验证样本,其余9个小组作为训练样本,基于上述预测因子体系、采用PLSR方法进行空间模拟;重复10次上述步骤,使得每个小组都有过1次作为验证样本的经历;由此,每个模拟指标均得到10套模拟结果。将10套模拟结果的平均值作为该指标的最终模拟结果,将10套模拟结果的标准差作为该指标模拟的不确定性,方法如下:

$$MV = \frac{1}{n} \sum_{i=1}^{n} SV_i, \tag{4-14}$$

$$SD = \sqrt{\frac{1}{n} \sum_{i=1}^{n} (SV_i - MV)^2}, \tag{4-15}$$

式中,MV和SD分别为平均值(mean value)和标准差(standard deviation);SV_i是通过十折交叉验证法得到的第i套结果;n为10。SD越高,不确定性越强。进而,采用均方根误差(root mean square error,RMSE)和平均绝对误差(mean absolute error,MAE),通过对比验证样本中的实测值和模拟值,验证模拟精度,方法如下:

$$RMSE = \sqrt{\frac{1}{n} \sum_{i=1}^{n} (SV_i - OV_i)^2}, \tag{4-16}$$

$$MAE = \frac{1}{n} \sum_{i=1}^{n} (|SV_i - OV_i|), \tag{4-17}$$

式中,SV_i和OV_i分别为验证样本i中的指标模拟值和实测值;n为验证样本数量。RMSE和MAE越低,模拟精度越高。

采用上述方法,对HH′、HE、BD、S、TOC、TN、AP和AK分别进行模拟。

4.3.2 空间模拟结果

研究区植被和土壤指标的模拟精度和不确定性总体状况见表4-12。相比各指标的平均值而言，其模拟精度较高，不确定性较低，总体上满足空间显示的要求。

表4-12 洞头群岛植被和土壤指标的模拟精度和不确定性

指标	模拟精度		不确定性	
	RMSE	MAE	MV	SD
HH′	0.35	0.28	1.91	0.10
HE	0.08	0.06	0.89	0.02
BD/(g/cm³)	0.18	0.14	1.30	0.05
S/(g/kg)	0.38	0.24	1.76	0.27
TOC/(g/kg)	3.08	2.45	8.74	1.29
TN/(g/kg)	0.36	0.27	0.78	0.18
AP/(mg/kg)	5.74	4.31	22.02	2.52
AK/(mg/kg)	61.95	48.07	329.96	24.66

进而，基于被广泛应用的RMSE，将本研究区的RMSE与其他区域类似研究的RMSE进行对比，进一步验证本研究的模拟精度。由于以往研究中关于土壤TOC和TN的空间模拟较多且涉及不同区域，故对这两个指标的RMSE进行对比分析（表4-13）。本研究区中TOC的RMSE为3.08 g/kg，高于南非全域的2.50 g/kg（Venter et al.，2021）和黄河三角洲的2.78 g/kg（Chi et al.，2018c），但低于辽宁省全域的3.55 g/kg（Wang et al.，2017）、美国得克萨斯州某区域的4.10 g/kg（Morgan et al.，2009）、尼日利亚全域的6.75 g/kg（Akpa et al.，2016）、青藏高原色季拉山的7.00 g/kg（Jia et al.，2017）和我国全域的13.41 g/kg（Liang et al.，2019）；本研究区TN的RMSE为0.36 g/kg，高于山东泰安某小流域的0.24 g/kg（Gao et al.，2013）和长江口崇明岛的0.25 g/kg（Chi et al.，2019b），但低于湖北省中部汉川市的0.43 g/kg（Qu et al., 2013)和罗马尼亚特兰西瓦尼亚平原的 0.50 g/kg(Raj et al., 2018)。这说明本研究区土壤 TOC 和 TN 的模拟精度在不同区域的对比分析中处于中等偏上的位置，实现了较高精度的空间模拟。此外，本研究中采用的基于遥感的模拟因子体系、PLSR 和十折交叉验证法具有较高的数据可获得性和较强的可操作性，确保了模拟方法的适用性。

表 4-13　不同区域模拟精度(RMSE)对比分析

指标	本研究	其他区域
TOC	3.08 g/kg	2.50 g/kg(南非全域)(Venter et al., 2021) 2.78 g/kg(中国黄河三角洲)(Chi et al., 2018c) 3.55 g/kg(中国辽宁省全域)(Wang et al., 2017) 4.10 g/kg(美国得克萨斯州某区域)(Morgan et al., 2009) 6.75 g/kg(尼日利亚全域)(Akpa et al., 2016) 7.00 g/kg(中国青藏高原色季拉山)(Jia et al., 2017) 13.41 g/kg(中国全域)(Liang et al., 2019)
TN	0.36 g/kg	0.24 g/kg(中国山东泰安某小流域)(Gao et al., 2013) 0.25 g/kg(中国长江口崇明岛)(Chi et al., 2019b) 0.43 g/kg(中国湖北省中部汉川市)(Qu et al., 2013) 0.50 g/kg(罗马尼亚特兰西瓦尼亚平原)(Raj et al., 2018)

植被和土壤指标的模拟结果和不确定性的空间分布见图 4-13 和图 4-14。各指标均实现了"由点到面"的空间模拟，为下一步开展海岛生态系统健康和韧性评估提供了基础数据。

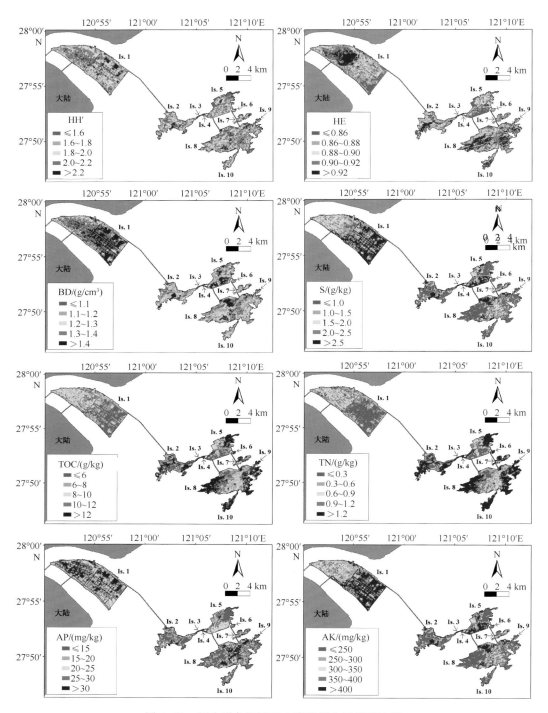

图 4-13　洞头群岛植被和土壤指标空间模拟结果

模拟结果取通过十折交叉验证法得到的 10 套结果的平均值

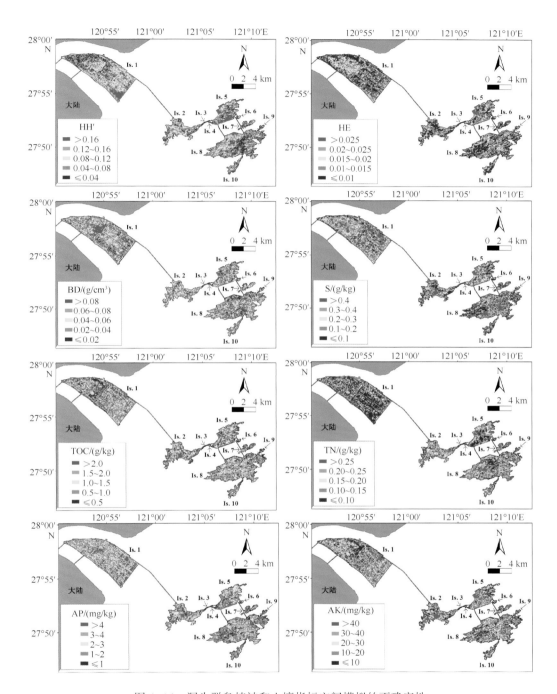

图4-14　洞头群岛植被和土壤指标空间模拟的不确定性

不确定性取通过十折交叉验证法得到的10套结果的标准差

4.4　本章小结

（1）针对海岛植被−土壤系统及其空间格局，采用反映乔木层、灌木层和草本层植被生长状况和植物多样性的 9 个指标，反映土壤各类理化性质的 9 个指标以及 3 个综合指标（VCI、SCI 和 VSSCI），全面测度海岛植被−土壤系统空间分布特征。从海岛形态、景观格局、地形条件、海洋因子和生态指数共五个方面选择了涵盖各类自然和人为要素的潜在影响因子，在两个空间尺度（海岛和点位尺度）上，从两种视角（单因子影响和多因子复合影响）出发，采用三种方法（回归分析、相关分析和 CCA 排序），揭示海岛植被−土壤系统在各潜在因子影响下的空间格局，并定量辨识了不同因子的影响程度。结果显示研究区草本植物种类丰富，分布广泛，且对环境响应较灵敏；在海岛尺度上，较高的 ISN 和 VP 以及较低的 IA、SRP、IHII、NP 和 AWMSI 往往会带来较高的 VCI 和 VSSCI，而较高的 ISN 和 LII 通常带来较高的 SCI，其中 SRP、VP、IA 和 IHII 对植被−土壤系统空间格局的贡献率最高；在点位尺度上，较高的 AI、SI、NDVI、LSWI、AWMSI 和 VP 以及较低的 SI1、BT、BSI 和 IHII 往往带来较高的 VCI 和 VSSCI，其中 BSI、SI1、NDVI 和 AI 具有最高的贡献率。人类活动已成为泥沙岛植被−土壤系统的主控因子，而自然和人为因子共同决定了基岩岛的植被−土壤系统。

（2）现场点状数据"由点到面"的空间模拟是开展海岛生态系统健康和韧性评估的基础，选择 HH′、HE、BD、S、TOC、TN、AP 和 AK 共 8 个必要指标开展空间模拟。根据海岛植被−土壤系统的空间格局特征及其关键影响因子，通过充分挖掘遥感影像的生态意义和空间信息，构建了一套包含光谱信息、生态指数、地形条件、地理位置、景观格局 5 类因子的预测因子体系；进而，采用常用的数学模型开展空间模拟，通过十折交叉验证法判断模拟结果的精度和不确定性。结果显示，上述 8 个因子的 RMSE 依次为 0.35、0.08、0.18 g/cm³、0.38 g/kg、3.08 g/kg、0.36 g/kg、5.74 mg/kg 和 61.95 mg/kg，空间模拟精度总体较高，不确定性较低，满足空间显示的要求。

（3）植被和土壤均为下一步开展海岛生态系统健康的关键要素。本章基于现场调查得到了植被和土壤的点状数据，通过建立点状数据与基于遥感影像的面状数据的耦合关系，经空间模拟得到了覆盖海岛全部区域的植被和土壤指标结果，为下一步研究工作提供了必要数据。

第5章　海岛生态系统健康和韧性的空间评估

海岛生态系统健康和韧性是反映海岛生态特征的两个综合指标，也是开展海岛空间分区的基础。基于三个海岛关键生态要素(景观、植被和土壤)及其空间异质性，构建海岛生态系统健康模型；面向三类主要外界干扰因子(人为、地形和海洋干扰)并辨识其与海岛关键要素的内在关系，构建海岛生态系统韧性模型。

5.1　海岛生态系统健康和韧性模型构建

5.1.1　基于景观−植被−土壤的海岛生态系统健康

针对海岛生态系统健康这一评价目标，基于景观、植被、土壤三个关键生态要素，构建要素−因子−指标的评价框架，包括 3 个要素、6 个因子和 11 个指标(表 5−1)。

表 5−1　海岛生态系统健康的要素−因子−指标评价框架

目标层	要素层		因子层		具体指标
海岛生态系统健康	C1	景观	C11	景观组成	ILC
			C12	景观布局	NP、AWMSI、LII
	C2	植被	C21	植被生长状况	NDVI
			C22	植物多样性	HH′、HE
	C3	土壤	C31	土壤碳储量	TOCD
			C32	土壤养分	TN、AP、AK

注：ILC(important landscape coverage) 重要景观覆盖率,%；TOCD, total organic carbon density, 总有机碳密度, kg/m^2

5.1.1.1　三个关键生态要素

1）景观

景观要素由景观布局和景观组成两个因子构成。景观组成是指评价单元内不同景观类型的规模结构，采用重要景观覆盖率（important landscape coverage，ILC，无量纲）这一指标，该指标考虑了研究区不同景观类型的规模及其对海岛生态系统的重要性，计算方法如下：

$$ILC = \frac{\sum (VILA_i + ILA_j \times 0.5)}{TA}, \qquad (5-1)$$

式中，$VILA_i$ 是非常重要景观 i 的面积；ILA_j 是重要景观 j 的面积；TA 是指评价单元的总面积。水库（景观大类水域中的一个景观小类）收集和存储了海岛岛民所必需的饮用水，对海岛社会子系统具有重要支撑作用（Chi et al.，2020a）；位于岸线处的自然裸地（景观大类裸地中的一个景观小类）指示着自然岸线，自然岸线保有率是我国海岸带自然资源保护和管理的一个基本指标，且岸线处的裸岩也常常形成独特的海岸地貌景观，并成为重要的旅游资源（郑承忠，2009；付元宾等，2014）；林地（景观大类植被中的一个景观小类）在研究区主要为防护林，是海岛重要的生态屏障，具有极其重要的生态功能。因此，将上述三种景观类型看作非常重要景观。灌草地和湿地（景观大类植被中的另外两个景观小类）也具有各类生态功能，但其生态效率弱于林地（可见表 3-5），故将其看作重要景观。其他景观类型均对海岛生态系统产生了明显的负面影响或无明显的正面影响，故在该指标中不予考虑（Chi et al.，2020a）。景观布局是指评价单元内各景观斑块的空间分布和相互位置关系。由前文可知，各类景观指数可从不同方面反映景观布局特征。由于现有景观指数众多，且不同景观指数之间具有一定的相关性，故应挑选具有代表性的景观指数：NP 反映景观破碎度，AWMSI 代表斑块复杂度，LII 则反映景观隔离度（Chi et al.，2018a，2019a；徐秋阳等，2018）。这三个指标的计算方法已在 4.2.2 小节进行了描述。

2）植被

植被要素由植被生长状况和植物多样性两个因子构成。植被生长状况代表了生态系统的生产力，植物多样性则指示着生态系统的稳定性（Field et al.，1998；池源等，2015b；Chen et al.，2018b）。选择 NDVI 来代表植被生长状况，该指标计算方法见式（3-2）。对于植物多样性而言，草本植物在研究区种类最多、分布最广且对环境响应最为灵敏，故选择 HH' 和 HE 两个指标进行测度，计算方法见式(4-1)和式(4-2)。

3）土壤

土壤要素由土壤碳储量和土壤养分两个因子构成。土壤碳储量代表着海岛土壤碳库，由表层土壤总有机碳密度(TOC density，TOCD，kg/m²)表示，该指标基于 TOC 和 BD 经以下公式计算得到：

$$TOCD = TOC \times BD \times T/100, \tag{5-2}$$

式中，T 是表层土壤厚度，取 20 cm。土壤养分是土壤为植物生长提供的各类营养成分，由 TN、AP 和 AK 三个指标进行测度。

上述采用的各评价指标均为具有空间异质性、数据可覆盖所有评价单元的指标，或基于遥感数据直接得到(ILC、NP、AWMSI、LII 和 NDVI)，或通过耦合现场和遥感数据经空间模拟得到(HH'、HE、TOC、BD、TN、AP 和 AK)。

5.1.1.2 海岛生态系统健康指数

首先，对各评价指标进行标准化处理。方法与 4.2.1 小节中的标准化处理类似，但是基于各评价单元开展，即将某一指标在各评价单元中指标值的第 5 和 95 百分位数分别作为指标值的下限和上限进行标准化。各指标中，NP、AWMSI 和 LII 为负向指标，其余各指标为正向指标，进而采用式(4-5)进行各指标的标准化处理。

其次，基于各指标的标准化结果，对各因子和要素进行评价。若某一因子只包含一个指标，则该指标标准化值即为该因子评价结果，包括 C11、C21 和 C31；若某一因子包含多个指标，则该因子评价结果取其包含的各指标标准化值的平均值，包括 C12、C22 和 C32。各关键要素的评价结果取其包含的各因子评价结果的平均值，得到 C1、C2 和 C3。

最后，提出海岛生态系统健康指数(island ecosystem health index，IEHI，无量纲)来测度海岛生态系统健康及其空间分异性特征。计算方法如下：

$$IEHI = \sum C_i \times w_i, \tag{5-3}$$

式中，C_i 和 w_i 分别为要素 i 的评价结果和权重值，同样基于等权重的思路进行计算，以体现各要素对海岛生态系统健康的同等重要性。

采用上述方法，对研究区各评价单元的因子、要素和 IEHI 进行评价，并生成因子、要素和 IEHI 的空间分布图。基于各评价单元的结果，计算得到海岛尺度上的生态系统健康结果。

5.1.2 面向各类外界干扰的海岛生态系统韧性

5.1.2.1 三类主要外界干扰

1）人为干扰

研究区人类活动类型多样，分布广泛，通过改变地形地貌、割裂自然景观、侵占生境和排放污染物等方面对海岛生态系统产生了深刻影响，且具有明显的空间异质性。第3章通过精准刻画海岛10个景观大类和24个景观小类，并基于景观类型、规模效应、利用等级和变化过程构建了IHII。该指标综合考虑了围填海、城乡建设、工业发展、农田开垦、旅游开发等不同类型人类活动以及同类人类活动内部不同区域的强度变化，能够准确量化海岛人类活动对自然生态系统的干扰程度及其空间特征，是海岛人为干扰的综合指标。因此，采用IHII来代表海岛人类活动干扰。IHII越大，人类活动干扰强度越高。

2）地形干扰

地形干扰和海洋干扰主要指自然因子对海岛生态系统的限制和干扰。在地形因子中，Al和Sl均对海岛景观以及植被-土壤系统的空间格局产生了明显影响，且二者也具有明显的正相关关系。选择其中的Sl作为干扰因子进行研究，是由于目前的相关研究和实践中，均将Sl作为生态脆弱性或开发利用适宜性的指示因子（Chi et al., 2017a, 2017b；纪学朋等，2019；王静等，2020）。Sl越高的位置，受到的地形限制越多。

3）海洋干扰

海岛生态系统容易受到四周海洋的影响，从而容易发生海水入侵、土壤盐渍化、风暴潮、大风等自然灾害。前文中采用DTS来反映受到海洋因子影响的强弱，但上述研究结果显示，DTS对海岛景观的影响中等，对植被-土壤系统的影响不明显（见表3-8和表4-10）。考虑到本研究区为位于河口区域、包含泥沙岛和基岩岛的岛群，海水入侵造成的土壤盐渍化是最主要的海洋影响，图4-13也显示了研究区部分区域已出现了明显的土壤盐渍化现象（即S>2 g/kg，根据王遵亲等，1993）；第4章的研究结果也显示S对于研究区灌木层和草本层物种空间格局具有重要影响。因此，选择S作为海洋干扰因子，S越大，海洋干扰越强烈。

同样地，对IHII、Sl和S按照前述方法进行标准化处理。

5.1.2.2 海岛生态系统韧性指数

海岛生态系统韧性关注自然和人为因子干扰下海岛生态系统的不易受损性和恢复

力，通过辨识以上三种主要外界干扰与海岛生态系统健康的内在关系，并判断海岛生态系统健康在外界干扰下的变化进行测度。存在以下 4 种情形：①外界干扰较大，相应地，海岛生态系统健康状况较好，则海岛生态系统韧性较高；②外界干扰较大，相应地，海岛生态系统健康状况较差，则海岛生态系统韧性中等；③外界干扰较小，相应地，海岛生态系统健康状况较好，则海岛生态系统韧性中等；④外界干扰较小，相应地，海岛生态系统健康状况较差，则海岛生态系统韧性较低。

不同的外界干扰对于海岛生态系统健康的影响程度不一，且海岛生态系统的不同要素和因子也对外界干扰表现出不同的响应特征。采用 IBM SPSS 18，通过相关分析和偏相关分析法，辨识外界干扰与各因子的内在关系并判断各类外界干扰对海岛生态系统健康的影响系数。在相关分析法中，输入三种外界干扰(IHII、Sl 和 S)和海岛生态系统健康的 6 个因子，得到各干扰和各因子的相关系数；在偏相关分析法中，考虑到三种外界干扰之间可能存在一定的相关性，依次将其中一种干扰作为分析变量，其余两种干扰作为控制变量，得到各干扰与各因子的偏相关系数（表 5-2）。在干扰和因子的相关性中，显著的负相关性表明在该干扰的作用下该因子表现出了明显的受损，将某一干扰与某一因子具有显著负相关性的相关系数和偏相关系数的绝对值之和作为该干扰对该因子的影响系数（表 5-2）。影响系数越大，表明该因子的空间分布对该干扰的响应越灵敏；影响系数为 0，表明该干扰对该因子的空间分布不产生影响。可以发现，人类活动对景观组成、景观布局、植被生长状况和土壤碳储量的空间格局产生了明显影响，而植物多样性和土壤养分对人类活动的空间响应不灵敏；地形因子的影响总体较小，更多地起到了限制作用，对植物多样性和土壤养分的空间分布产生了一定影响；海洋因子则对景观组成、植被生长状况、植物多样性和土壤碳储量的空间格局均产生了明显的影响。

表 5-2　外界干扰对洞头群岛海岛生态系统健康的影响

项目		C11	C12	C21	C22	C31	C32
相关系数	IHII	-0.759**	-0.067**	-0.493**	0.434**	-0.597**	0.782**
	Sl	0.638**	-0.015	0.535**	-0.024*	0.571**	-0.423**
	S	-0.675**	0.067**	-0.778**	0.053**	-0.947**	0.643**
偏相关系数	IHII	-0.554**	-0.165**	0.168**	0.575**	0.393**	0.598**
	Sl	0.425**	0.023*	0.138**	0.052*	0.012	-0.026**
	S	-0.085**	0.160**	-0.640**	-0.365**	-0.914**	0.153**

续表

项目		C11	C12	C21	C22	C31	C32
影响系数 （IC）	人为干扰	1.313	0.231	0.493	0	0.597	0
	地形干扰	0	0	0	0.024	0	0.449
	海洋干扰	0.760	0	1.418	0.365	1.861	0

注：* $P<0.05$；** $P<0.01$。C11，景观组成；C12，景观布局；C21，植被生长状况；C22，植物多样性；C31，土壤碳储量；C32，土壤养分。

基于外界干扰与海岛生态系统健康的内在关系以及各干扰对海岛生态系统因子的影响系数，采用以下公式计算海岛生态系统韧性指数（island ecosystem resilience index，IERI，无量纲）：

$$\mathrm{IERI}x = \sum \mathrm{Factor}_i \times \mathrm{IC}_i \times \mathrm{SD}, \qquad (5-4)$$

$$\mathrm{IERI} = \mathrm{IERI1} + \mathrm{IERI2} + \mathrm{IERI3}, \qquad (5-5)$$

式中，$\mathrm{IERI}x$ 是外界干扰 x 影响下的海岛生态系统韧性；IERI1、IERI2 和 IERI3 分别为人类因子、地形因子和海洋因子干扰下的海岛生态系统韧性指数，无量纲；Factor_i 和 IC_i 分别为因子 i 的标准化值和某一外界干扰对因子 i 的影响系数；SD 为该外界干扰的标准化值。与前面的 4 种情形相呼应，$\mathrm{Factor}_i \times \mathrm{IC}_i$ 代表着在该干扰影响下因子 i 的受损程度，各因子的 Factor×IC 之和代表着海岛生态系统健康的受损程度，SD 则代表着干扰的大小，那么将各因子的 Factor×IC 之和与 SD 相乘即可得到该干扰因子影响下的海岛生态系统韧性，进而融合各干扰影响下的海岛生态系统韧性可得到 IERI。经上式计算后，$\mathrm{IERI}x$ 和 IERI 的取值并非位于 0~1 的区间，为了更好地进行空间显示以及下文结合 IEHI 进行空间分区，对 $\mathrm{IERI}x$ 和 IERI 进行标准化处理。

同样地，对各评价单元的 IERI1、IERI2、IERI3 和 IERI 进行计算，并生成其空间分布图；进而，计算得到海岛尺度上各岛生态系统韧性结果。

5.2 海岛生态系统健康和韧性的空间特征

5.2.1 海岛生态系统健康的空间特征

5.2.1.1 评价单元尺度

评价单元尺度上三个关键生态要素的空间特征如图 5-1 所示。就景观而言，C11

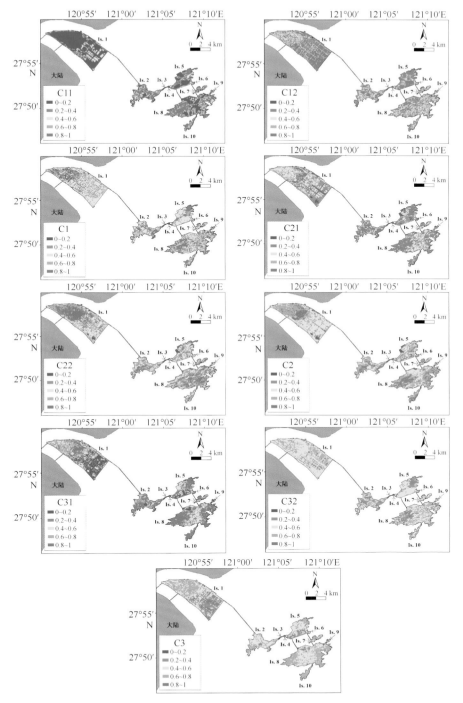

图 5-1　洞头群岛评价单元尺度上 3 个关键生态要素的空间特征

注：C1—景观要素；C2—植被要素；C3—土壤要素

在泥沙岛（灵昆岛，Is.1）上总体较低，且海岛西侧区域低于东侧区域；在基岩岛上，C11 在山地区域较高，而在地势低平的城镇区和沿海的围填海区较低。C12 的空间异质性较低，且大部分区域 C12 值较高，C12 的低值区主要可见于泥沙岛的西侧区域以及公路和水道的两侧、林缘和城乡结合区域。C1 的分布特征与 C11 类似，但空间异质性弱于 C11。C1 的高值区以较连续的形态分布于基岩岛，尤其是山体上较大规模的林地区域，以破碎化的形态分布于泥沙岛。C1 的低值区主要见于景观破碎化程度较高的城乡建设区，尤其是灵昆岛（Is.1）的西侧区域；而城镇建设集中区的 C1 值处于中等水平，如洞头岛（Is.8）的城镇区，大规模、连续有序的城镇建设一定程度地降低了景观破碎化。就植被而言，C21 在泥沙岛的西侧区域以及基岩岛的山地区域较高，而在泥沙岛的东侧区域以及基岩岛的地势低平和围填海区较低；C22 空间异质性较低，在泥沙岛东侧部分区域和基岩岛的沿海区域表现出较低的取值，其他区域总体较高。C2 的空间特征与 C21 类似，但表现出相对较弱的空间异质性。灵昆岛（Is.1）的东侧、状元岙岛（Is.5）的南侧和北侧以及洞头岛（Is.8）的北侧区域表现出一定规模的低值区，这些区域大多为水域，基本无植被覆盖；灵昆岛（Is.1）西侧的农田和各基岩岛山体区域的植被表现出较高的 C2。就土壤而言，C31 的空间分布与 C21 类似，即在泥沙岛的西侧和基岩岛的山体区域较高，在泥沙岛的东侧和基岩岛的地势低平区域较低，但 C31 的空间差异比 C21 更为显著；C32 的空间异质性较弱，且表现出了基岩岛山体区域 C32 值较低的情况。C3 的空间特征与 C31 类似，但空间异质性弱于 C31。C3 低值区主要见于灵昆岛（Is.1）的东侧、霓屿岛（Is.2）的南侧、状元岙岛（Is.5）的南侧和洞头岛（Is.8）的北侧，这些区域大都为围填海形成的区域。在灵昆岛（Is.1）的西侧和各基岩岛的山体区域，C3 相对较高。

评价单元尺度上 IEHI 的空间特征如图 5-2 所示。IEHI 低值区主要分布在灵昆岛（Is.1）的东南侧、状元岙岛（Is.5）的南侧和北侧以及洞头岛（Is.8）的北侧；IEHI 中值区覆盖泥沙岛的大部分区域和基岩岛的地势低平区；IEHI 高值区则主要可见于泥沙岛的部分农田和基岩岛的林地。此外，研究区围填海区和非围填海区的 IEHI 平均值分别为 0.454 和 0.624，说明围填海区的生态系统健康总体上低于非围填海区。

5.2.1.2　海岛尺度

海岛尺度上三个关键要素和 IEHI 的结果如图 5-3 所示。就景观而言，深门山岛（Is.4）、花岗岛（Is.6）和半屏岛（Is.10）是 C1 最高的三个海岛（按上述顺序依次降低，下同），说明了这三个海岛上较高的重要景观覆盖率和较低的景观破碎化程度；灵昆岛

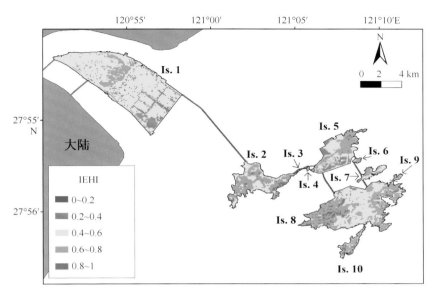

图 5-2　洞头群岛评价单元尺度上 IEHI 的空间特征

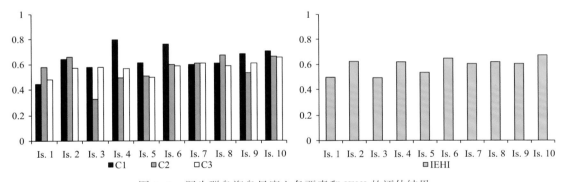

图 5-3　洞头群岛海岛尺度上各要素和 IEHI 的评估结果

（Is. 1）的 C1 最低，且明显低于其他各岛。就植被而言，洞头岛（Is. 8）、半屏岛
（Is. 10）和霓屿岛（Is. 2）是 C2 最高的三个海岛，植被在这三个海岛上长势较好且植
物多样性较为丰富；由于较大的公路面积占比对植被状况造成了较为明显的影响，
浅门山岛（Is. 3）的 C2 远低于其他海岛。就土壤而言，半屏岛（Is. 10）、大三盘岛
（Is. 7）和胜利呑岛（Is. 9）是 C3 最高的三个海岛，说明了这三个海岛较高的土壤碳
储量和肥力；灵昆岛（Is. 1）和状元呑岛（Is. 5）的 C3 明显低于其他海岛。就海岛生态
系统健康而言，半屏岛（Is. 10）的 IEHI 最高，浅门山岛（Is. 3）、灵昆岛（Is. 1）和状元
呑岛（Is. 5）是 IEHI 最低的三个海岛，其他海岛处于中间水平。灵昆岛（Is. 1）拥有最

低的 C1 和 C3 和第二低的 IEHI，表明了泥沙岛较差的景观、植被和生态系统健康状况。

5.2.2 海岛生态系统韧性的空间特征

5.2.2.1 评价单元尺度

评价单元尺度上 IERI1、IERI2 和 IERI3 的空间特征如图 5-4 所示。IERI1 高值区主要可见于各岛的已开发建设区域，植被区的 IERI1 较低；IERI2 在泥沙岛的几乎全部区域以及基岩岛的围填海区较低，在基岩岛的山地区则较高；IERI3 总体上与 IERI2 表现出了相反的空间特征。

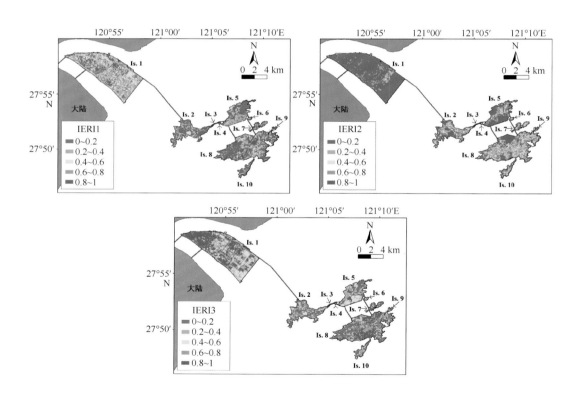

图 5-4　洞头群岛评价单元尺度上 IERI1、IERI2 和 IERI3 的空间特征

评价单元尺度上 IERI 的空间特征如图 5-5 所示。IERI 在泥沙岛上总体较高，仅东南侧部分区域表现出了较低的 IERI；基岩岛地势低平的开发建设集中区 IERI 较高，山

地区的 IERI 较低。总体来看，已开发建设区域，包括城镇区、工业区、围填海区中的已建区，具有较高的 IERI，而未开发建设区，包括植被区、围填海区中的暂未利用区等，往往拥有较低的 IERI。此外，研究区围填海区和非围填海区的 IERI 平均值分别为 0.637 和 0.543，说明围填海区的生态系统韧性总体上高于非围填海区。

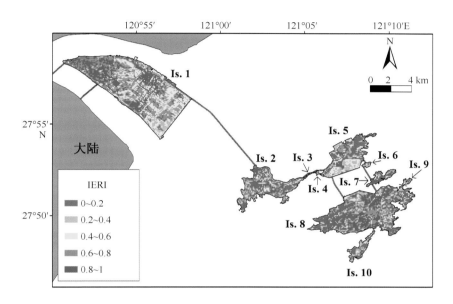

图 5-5　洞头群岛评价单元尺度上 IERI 的空间特征

5.2.2.2　海岛尺度

海岛尺度上 IERI1、IERI2、IERI3 和 IERI 的评估结果如图 5-6 所示。浅门山岛（Is. 3）、灵昆岛（Is. 1）和大三盘岛（Is. 7）是 IERI1 最高的三个海岛；胜利岙岛（Is. 9）和半屏岛（Is. 10）的 IERI1 最低，且明显低于其他海岛。胜利岙岛（Is. 9）、霓屿岛（Is. 2）和半屏岛（Is. 10）是 IERI2 最高的三个海岛，而灵昆岛（Is. 1）的 IERI2 明显低于其他海岛，状元岙岛（Is. 5）和浅门山岛（Is. 3）的 IERI2 也相对较低。就 IERI3 而言，灵昆岛（Is. 1）、浅门山岛（Is. 3）和大三盘岛（Is. 7）是结果最高的三个海岛，且明显高于其他海岛；半屏岛（Is. 10）、胜利岙岛（Is. 9）和深门山岛（Is. 4）是 IERI3 最低的三个海岛。就 IERI 而言，其沿浅门山岛（Is. 3）、灵昆岛（Is. 1）、大三盘岛（Is. 7）、霓屿岛（Is. 2）、洞头岛（Is. 8）、花岗岛（Is. 6）、状元岙岛（Is. 5）、深门山岛（Is. 4）、胜利岙岛（Is. 9）和半屏岛（Is. 10）由大到小依次降低，表明了在三种主要外界干扰影响下不同海岛之间生态系统韧性存在明显差异。

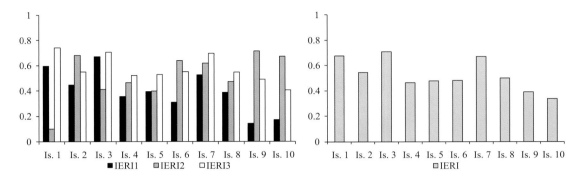

图 5-6 洞头群岛海岛尺度上 IERI1、IERI2、IERI3 和 IERI 的评估结果

5.2.3 主要影响因子

5.2.3.1 评价单元尺度

在评价单元尺度上，海岛生态系统的各要素、因子和指标以及主要外界干扰均对海岛生态系统健康和韧性的空间分布产生影响，且不同的要素、因子和指标以及外界干扰对 IEHI 和 IERI 空间异质性的贡献大小不一。通过 IBM SPSS 18，分析各指标、因子、要素和外界干扰与 IEHI 和 IERI 的相关性，以相关系数的大小反映其对 IEHI 和 IERI 空间异质性的贡献（表 5-3）。对 IEHI 而言，其与 AWMSI、HH′、AK 和 AP 表现出了显著负相关性，与其他各指标、因子和要素均表现出了显著正相关性。在 11 个评价指标中，ILC、NDVI、HE、TOCD、TN 和 AK 的相关系数大于 0.6，其中 NDVI 取得了最高的相关系数，说明了该指标对 IEHI 空间异质性的贡献率最高，也体现了该指标在反映海岛生态系统健康上的重要性；AP 也表现出了一定的相关性；其余指标的相关性较弱。在 6 个因子的相关系数中，景观组成（C11）高于景观布局（C12），植被生长状况（C21）高于植物多样性（C22），且土壤碳储量（C31）高于土壤养分（C32）。在 3 个要素中，相关系数沿植被（C2）、土壤（C3）和景观（C1）依次降低。对 IERI 而言，其与 SI 和 IERI2 表现出了显著负相关性，与其他干扰表现出了显著正相关性。IHII 和 S 表现出了比 SI 更高的相关性（以绝对值计）以及 IERI1 和 IERI3 表现出了比 IERI2 更高的相关性，说明人为干扰和海洋干扰比地形干扰表现出了对 IERI 空间异质性更高的贡献率。此外，IEHI 和 IERI 之间呈现显著负相关性，这说明了海岛生态系统健康状况较好的区域其生态系统韧性往往较低。

表 5-3 洞头群岛 **IEHI** 和 **IERI** 与各指标、因子、要素和外界干扰的相关系数

项目	IEHI	项目	IEHI	项目	IEHI	项目	IERI
ILC	0.689**	TOCD	0.822**	C22	0.292**	IHII	0.652**
NP	0.020*	TN	0.667**	C31	0.822**	SI	-0.360**
AWMSI	-0.039**	AK	-0.834**	C32	-0.585**	S	0.515**
LII	0.086**	AP	-0.558**	C1	0.595**	IERI1	0.870**
NDVI	0.933**	C11	0.689**	C2	0.753**	IERI2	-0.181**
HH′	-0.111**	C12	0.023*	C3	0.646**	IERI3	0.938**
HE	0.644**	C21	0.933**			IEHI	-0.342**

注：* $P<0.05$；** $P<0.01$。表中各指标和干扰均采用其标准化结果。

5.2.3.2 海岛尺度

在海岛尺度上，同样选择 IA（海岛面积）和 ISN（海岛序号，代表海岛与大陆的邻近度）两个基本指标，通过 Excel 生成海岛生态系统健康和韧性与 IA 和 ISN 的散点图，并以趋势线的特征和决定系数（R^2）反映海岛生态系统健康和韧性与 IA 和 ISN 的关系（图 5-7）。对海岛生态系统健康而言，随着 IA 的增大，C1、C3 和 IEHI 呈降低趋势，C2 呈增高趋势，且 C1 和 C3 的变化趋势相比 C2 和 IEHI 更加明显；随着 ISN 的增大，C1、C2、C3 和 IEHI 均呈增高趋势，且 C3 和 IEHI 的变化趋势相比 C1 和 C2 更加明显。对海岛生态系统韧性而言，随着 IA 的增大，IERI1、IERI3 和 IERI 呈增高趋势但不明显，IERI2 呈明显的降低趋势；随着 ISN 的增大，IERI1、IERI3 和 IERI 呈降低趋势，IERI2 呈增高趋势，且变化趋势均较明显。综上，IA 较大的海岛往往拥有较低的生态系统健康和较高的生态系统韧性，而 ISN 较大的海岛往往拥有较高的生态系统健康和较低的生态系统韧性。

5.3 模型讨论

海岛生态系统健康和韧性分别对应了海岛重要的生态功能和面临干扰时表现出的脆弱性，前者意味着开展保护的重要性，后者指示着进行保护的必要性，二者的有机融合能够直接服务于海岛空间分区。

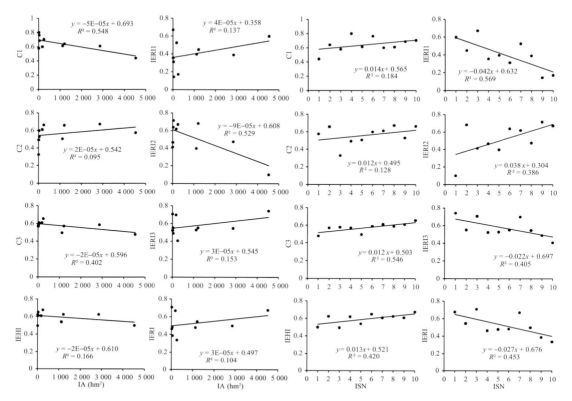

图 5-7　洞头群岛 IEHI 和 IERI 与 IA 和 ISN 的散点图

　　海岛生态系统健康模型融合了三个关键生态要素，涵盖 6 个因子和 11 个指标。景观、植被和土壤是海岛的三个关键生态要素，分别指示了海岛生态系统的总体特征、活力和基底(Chi et al.，2018a，2019c，2021；Borges et al.，2018；Gil et al.，2018；Wilson et al.，2019)。这三个关键要素涉及海岛生态系统从宏观到微观、从表层到底层的各个方面。从研究视角出发，景观从宏观角度反映了海岛地表各类要素的组成结构和空间布局及其生态功能，植被和土壤则从微观角度显示了生物多样性维持、生境提供、固碳释氧、土壤保育等具体生态功能；从空间层级来看，景观、植被和土壤分别位于海岛地表的上层、中层和底层，能够较为全面地反映海岛地表资源环境特征和生态系统总体状况。在指标的选择上，一方面所选取指标对该因子和要素应具有代表性，另一方面各指标之间没有重叠以确保不同要素之间的相对独立性。如景观大类中包含了植被(植被是 1 个景观大类，包含 3 个景观小类)，在景观的具体指标中，ILC(重要景观覆盖率)的计算中考虑了植被的规模，从宏观角度反映景观组成；在植被的具体指标中，NDVI 反映了植被生长状况，HH′ 和 HE 测度了植物多样性，从微观角度反映植被的质量，从而确保了各要素的相对独立。需要说明的是，地质背景、气候条件、水文水资源、其他生物资源等未纳入本模型中。本研究区属于较小空间尺度的区域，其地质背景和气候条件在海岛内部不具有明显的空间异质性，且二者更多地是作为海岛生态系统的背景因子，而非生态系统健康的表征，因此不纳入本模型中；同样地，研究区流域面积小，自然地表水域较少，目前的水域大多为人为构建，且已考虑在了景观大类中，故亦不考虑水文水资源。在生物资源方面，本研究只考虑了植被要素，动物、微生物等其他生物资源未纳入本模型，这主要是由于：植被状况代表着生态系统的生产力并指示着重要的生态功能，很大程度上能够代表海岛的生境质量，且植被的调查监测相对简便、不确定性较低，部分指标可借助遥感手段进行长时间的监测，具有明显的适用性；而动物和微生物等因子调查监测难度大，成本高，且具有一定的不确定性，作为评价指标而言降低了模型的可推广性。因此，本研究未开展其他生物资源的调查监测和分析研究。但是，动物和微生物对海岛生态系统也具有重要支撑和指示功能，这有待下一步的具体工作中开展专门的研究。综上，该模型提出了 IEHI，用以定量化评估海岛生态系统健康及其空间特征，并作为开展海岛生态系统韧性评估的基础。

海岛生态系统韧性模型面向人为、地形、海洋三类主要外界干扰因子，辨识外界干扰因子与海岛生态系统健康的内在关系，通过分析海岛关键要素在外界干扰下的变化特征来测度 IERI，用以定量化显示海岛生态系统韧性及其空间特征。在以往的海岛生态系统研究中，脆弱性得到了广泛的关注并在不同区域开展了海岛生态脆弱性的评估（Borges et al.，2014；Kurniawan et al.，2016；Chi et al.，2017a；Ng et al.，2019；Vaiciulyte et al.，2019；Xie et al.，2019；Ma et al.，2020）。海岛生态系统韧性与海岛自身的脆弱性相对应，其概念也类似于脆弱性，均指示着外界干扰下生态系统的变化；脆弱性指易变化的性质，而韧性更多地关注对于变化的抵抗力。然而，韧性并非仅仅是脆弱性概念的重复，其肯定了海岛生态系统内在的组织力和稳定性，连接了海岛生态系统健康，并能够为海岛空间分区提供直接依据。

海岛生态系统健康和韧性模型的构建基于两个关键技术问题的解决。

（1）如何实现对各指标和干扰的空间显示。为了服务海岛空间分区，海岛生态系统健康和韧性应具有较高的空间分辨率，须保证其在评价单元尺度上的空间分异性。因此，各指标和干扰均应在各评价单元上有具体赋值，即拥有面状数据。目前的 11 个指标和 3 个干扰中，5 个指标(ILC、NP、AWMSI、LII 和 NDVI)和 2 个干扰(IHII 和 Sl)的面状数据可基于遥感影像，通过辐射定标、大气校正、波段运算、空间分析、解译分析等手段获取。其余的 6 个指标(HH′、HE、TOCD、TN、AP 和 AK)和 1 个干扰(S)来源于通过现场调查获得的点状数据，无法覆盖评价单元；因此，需要融合现场点状数据和遥感面状数据，对这些指标和干扰开展空间模拟，实现"由点到面"的空间转换。该工作主要在第 4 章完成，达到了较高精度的空间模拟，从而为开展海岛生态系统健康和韧性评估提供了必要的基础数据。

(2)如何准确测度不同干扰对不同海岛生态要素的影响程度，这直接决定着海岛生态系统韧性的评估结果。三类外界干扰对海岛生态系统产生着不同的影响，而不同的生态要素面对外界干扰也表现出不同的空间响应。本研究采用相关分析和偏相关分析方法测度不同外界干扰的影响程度，一方面分析了各干扰本身对海岛生态系统健康的影响，另一方面也考虑到了三类干扰之间可能存在的空间相关性，从而揭示了外界干扰和海岛关键要素之间的内在关系，并使得不同干扰对不同要素的影响程度具有可比性，进而为评估海岛生态系统韧性提供关键参数。

近年来，海岛生态系统评估开展广泛，诸多学者在不同区域开展了实证研究，提出了海岛生态脆弱性(Borges et al.，2014；Chi et al.，2017a；Xie et al.，2019；Ma et al.，2020)、海岛生态系统服务(Dvarskas，2018；Zhan et al.，2019)、海岛生态承载力与生态足迹(Dong et al.，2019；Wu et al.，2020)、生态系统健康(Wu et al.，2018；Hafezi et al.，2020)等相关模型。但如前所述，这些模型在全面性和适用性、外界干扰和关键要素的内在关系剖析、海岛内部空间异质性显示等方面存在不足，从而难以为开展海岛空间分区提供支持。本研究中海岛生态系统健康和韧性模型的构建有效解决了上述问题，全面地反映了海岛生态系统及其外界干扰的空间特征，揭示了三类外界干扰和关键要素的内在关系，并具有较高分辨率的海岛内部空间异质性，为海岛空间分区和自然资源管理提供了切实依据，表现出了明显的实践性。

5.4　本章小结

(1)构建了一套基于三个关键要素(景观、植被和土壤)的海岛生态系统健康模型和一套面向三类主要外界干扰(人为、地形和海洋因子)的海岛生态系统韧性模型。这三个关键要素和三类外界干扰并非海岛生态系统独有。海岛的独特性表现在：一方面，海岛以较小的面积规模蕴含着与面积规模不成比例的生态功能，其生态系统健康的重要性尤为明显；另一方面，海岛特有的自身条件使得其面对各类外界干扰时响应灵敏，又凸显了海岛生态系统韧性的重要性。尽管上述三个关键要素和三类外界干扰也适用于其他海岸带区域，但各类要素和干扰的融合和耦合、海岛生态系统健康和韧性的量化在本研究中提出，不但能够全面揭示海岛各要素、干扰以及生态系统健康和韧性的空间特征，也为下一步开展海岛空间分区研究奠定了基础。构建的海岛生态系统健康和韧性模型数据均来源于遥感影像以及常规的现场调查和取样工作，确保了数据的可获取性和连续性；模型的计算方法简便清晰，可重复性强。因此，构建的模型可广泛地应用于不同区域的海岛生态系统健康和韧性评估中。

（2）研究区评价结果显示 IEHI 和 IERI 在海岛和评价单元尺度上均表现出了一定的空间异质性。在评价单元尺度上，IEHI 高值区主要可见于泥沙岛的部分农田和基岩岛的林地，低值区主要分布在灵昆岛（Is.1）的东南侧、状元岙岛（Is.5）的南侧和北侧以及洞头岛（Is.8）的北侧。IERI 在泥沙岛上总体较高，仅东南侧部分区域表现出了较低的 IERI；基岩岛的开发建设集中区 IERI 较高，山地区 IERI 较低。在海岛尺度上，半屏岛（Is.10）的 IEHI 最高，浅门山岛（Is.3）、灵昆岛（Is.1）和状元岙岛（Is.5）是 IEHI 最低的三个海岛；IERI 沿浅门山岛（Is.3）、灵昆岛（Is.1）、大三盘岛（Is.7）、霓屿岛（Is.2）、洞头岛（Is.8）、花岗岛（Is.6）、状元岙岛（Is.5）、深门山岛（Is.4）、胜利岙岛（Is.9）和半屏岛（Is.10）由大到小依次降低。面积较大、大陆邻近度较高的海岛往往拥有较低的生态系统健康和较高的生态系统韧性。此外，围填海区比非围填海区表现出了较低的生态系统健康和较高的生态系统韧性。

（3）本章形成了评价单元尺度上 IEHI 和 IERI 的空间分布图，二者的有机融合为下一章开展海岛空间分区提供了基础数据；不同海岛生态系统健康和韧性的评价结果可为各岛的最优空间分区方案识别提供依据。

第 6 章　海岛空间分区与发展对策

海岛生态系统健康反映了开展保护的价值，海岛生态系统韧性测度了需要开展保护的必要性，二者的有机融合能够为进行海岛空间分区提供一种科学、简便、多方案的方法。不同的保护与开发的考量和侧重程度使得海岛空间分区具有多种方案，也为不同海岛的最优空间分区提供了多项选择。根据各岛发展方向的差异，可识别出不同海岛最优的空间分区方案，进而提出海岛总体发展对策和分区保护措施。

6.1　海岛空间分区方案

6.1.1　六种分区方案

根据 IEHI 和 IERI 值大小，采用三等分法，分别将 IEHI 和 IERI 划分为高、中、低三个区间；进而，结合 IEHI 和 IERI 的不同区间，将研究区划分为 9 个子区域（表 6-1）。

表 6-1　基于 IEHI 和 IERI 的海岛空间子区域

子区域	IEHI	IERI
1	高	低
2	高	中
3	高	高
4	中	低
5	中	中
6	中	高
7	低	低
8	低	中
9	低	高

依照不同的海岛保护与利用策略，共设计六种海岛空间分区方案，并将各岛内部划分为严格保护区、一般保护区和开发利用区(表6-2)。

方案 A：保护优先。将所有高 IEHI 或低 IERI 的子区域(子区域 1 至子区域 4 和子区域 7)划为严格保护区，将低 IEHI 且高 IERI 的子区域(子区域 9)划为开发利用区，其他子区域(子区域 5、子区域 6 和子区域 8)划为一般保护区。

方案 B 至方案 E：兼顾保护与利用。方案 B 和方案 C 同时考虑 IEHI 和 IERI，其中，方案 B：将高 IEHI 且低或中 IERI、低 IERI 且高或中 IEHI 的子区域(子区域 1、子区域 2 和子区域 4)划为严格保护区，将高 IEHI 且高 IERI、中 IEHI 且中 IERI、低 IEHI 且低 IERI 的子区域(子区域 3、子区域 5 和子区域 7)划为一般保护区，其他子区域(子区域 6、子区域 8 和子区域 9)为开发利用区；方案 C：将高 IEHI 且低 IERI 的子区域(子区域 1)划为严格保护区，将低 IEHI 且高 IERI 的子区域(子区域 9)划为开发利用区，其他子区域(子区域 2 至子区域 8)为一般保护区。方案 D 和方案 E 分别只关注 IEHI 和 IERI，其中，方案 D：将高、中和低 IEHI 的子区域分别划分为严格保护区、一般保护区和开发利用区；方案 E：将低、中和高 IERI 的子区域分别划分为严格保护区、一般保护区和开发利用区。

方案 F：开发利用优先。将高 IEHI 且低 IERI 的子区域(子区域 1)划为严格保护区，将所有低 IEHI 或高 IERI 的子区域(子区域 3 和子区域 6 至子区域 9)划为开发利用区，其他子区域(子区域 2、子区域 4 和子区域 5)划为一般保护区。

表6-2 海岛空间分区方案

方案	严格保护区	一般保护区	开发利用区
方案 A	子区域 1 至子区域 4 和子区域 7	子区域 5、子区域 6 和子区域 8	子区域 9
方案 B	子区域 1、子区域 2 和子区域 4	子区域 3、子区域 5 和子区域 7	子区域 6、子区域 8 和子区域 9
方案 C	子区域 1	子区域 2 至子区域 8	子区域 9
方案 D	子区域 1 至子区域 3	子区域 4 至子区域 6	子区域 7 至子区域 9
方案 E	子区域 1、子区域 4 和子区域 7	子区域 2、子区域 5 和子区域 8	子区域 3、子区域 6 和子区域 9
方案 F	子区域 1	子区域 2、子区域 4 和子区域 5	子区域 3 和子区域 6 至子区域 9

按照上述六种方案生成各方案的海岛空间分区图，并计算各方案下不同分区的面积占比。

6.1.2 各分区方案结果

六种方案的海岛空间分区结果如图 6-1 所示，各分区的面积占比见表 6-3。

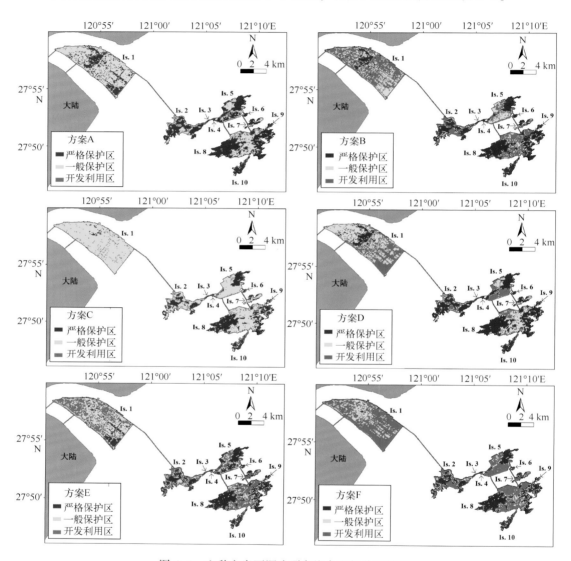

图 6-1 六种方案下洞头群岛海岛空间分区结果

方案 A：严格保护区和一般保护区占据了研究区 95% 以上的面积，前者涵盖了植被、裸地以及部分农田区域，后者则主要位于城镇建设区、工业区和围填海区，开发利用区面积较小且零星地夹杂在一般保护区中。

表 6-3　六种方案下洞头群岛各分区面积占比(%)

	分区	灵昆岛 Is. 1	霓屿岛 Is. 2	浅门山岛 Is. 3	深门山岛 Is. 4	状元岙岛 Is. 5	花岗岛 Is. 6	大三盘岛 Is. 7	洞头岛 Is. 8	胜利岙岛 Is. 9	半屏岛 Is. 10	总计
方案A	严格保护区	26.05	63.83	14.82	63.06	61.54	74.11	55.94	59.26	76.69	78.68	45.82
	一般保护区	68.48	28.96	70.99	36.94	33.87	25.40	41.45	36.91	23.31	20.93	49.27
	开发利用区	5.48	7.21	14.19	0	4.59	0.49	2.62	3.83	0	0.38	4.92
方案B	严格保护区	10.12	50.41	10.71	57.62	31.92	66.43	34.15	50.58	65.62	74.34	30.97
	一般保护区	29.26	15.72	13.96	21.08	33.83	11.72	28.21	14.26	22.54	11.66	23.41
	开发利用区	60.62	33.87	75.34	21.29	34.25	21.85	37.64	35.16	11.84	14.00	45.62
方案C	严格保护区	1.52	36.83	0	37.75	26.13	43.56	22.14	40.78	41.05	61.13	21.47
	一般保护区	93.00	55.96	85.81	62.25	69.27	55.95	75.24	55.40	58.95	38.49	73.61
	开发利用区	5.48	7.21	14.19	0	4.59	0.49	2.62	3.83	0	0.38	4.92
方案D	严格保护区	13.75	61.32	10.71	57.62	37.45	65.56	49.97	55.73	57.41	75.50	36.17
	一般保护区	44.64	19.99	36.99	27.44	19.61	23.71	39.43	31.41	30.36	16.67	34.40
	开发利用区	41.61	18.69	52.30	14.94	42.94	10.73	10.60	12.86	12.23	7.82	29.43
方案E	严格保护区	13.82	39.34	4.11	43.18	50.27	52.10	28.11	44.31	60.33	64.31	31.11
	一般保护区	45.77	24.86	54.56	45.03	24.21	28.61	20.45	20.88	28.99	24.79	32.94
	开发利用区	40.41	35.80	41.33	11.79	25.52	19.28	51.44	34.81	10.69	10.90	35.95
方案F	严格保护区	1.52	36.83	0	37.75	26.13	43.56	22.14	40.78	41.05	61.13	21.47
	一般保护区	21.93	15.89	20.55	35.52	10.00	26.92	18.45	15.38	36.04	20.53	18.07
	开发利用区	76.54	47.28	79.45	26.73	63.86	29.61	59.60	43.84	22.91	18.34	60.46

方案 B：各分区面积由大到小依次为开发利用区(45.62%)、严格保护区(30.97%)和一般保护区(23.41%)；严格保护区主要分布于植被区和部分农田区域，开发利用区占据泥沙岛大部分区域和基岩岛的城镇建设区、工业区以及大部分围填海区域，一般保护区主要位于严格保护区和开发利用区之间的区域以及部分围填海区域。

方案 C：一般保护区占据研究区大部分面积(73.61%)，几乎覆盖泥沙岛全部区域，并包含基岩岛的城镇建设区、工业区和围填海区；严格保护区(21.47%)主要分布于基岩岛的植被区域；开发利用区面积仅占 4.92%。

方案 D 和方案 E：由于分别仅考虑 IEHI 和 IERI，两个方案中三个分区面积占比相似，但空间分布具有明显差异。方案 D 中，严格保护区主要位于基岩岛的植被区和泥沙岛的部分农田区，一般保护区主要可见于基岩岛的城镇建设区和工业区以及泥沙岛的农田区，开发利用区主要分布于围填海区域。方案 E 中，海岛内部各分区的空间异质性明显，严格保护区可见于各类植被区域，开发利用区主要分布于泥沙岛的西侧和基岩岛的城镇建设区，一般保护区以破碎化的形式分布于前二者之间。

方案 F：开发利用区占据研究区大部分面积（60.46%），其覆盖泥沙岛大部分区域以及基岩岛上的城镇建设区、工业区和围填海区；严格保护区面积次之（21.47%），主要可见于基岩岛的林地；一般保护区（18.07%）一部分集中分布于泥沙岛中部的农田区，另一部分零星分布于泥沙岛的开发利用区之中，在基岩岛上分布于严格保护区和开发利用区之间。

6.2　结合海岛发展方向的空间分区最优方案

6.2.1　不同海岛的发展方向和分区方案选择

根据不同海岛的发展方向以及生态系统健康和韧性的评估结果，识别各岛空间分区最优方案（表 6-4）。

（1）研究区已开展了较大规模的围填海建设，虽然对海岛自然子系统造成干扰，但对支撑海岛社会子系统具有重要作用（见第 3 章结论）。围填海区域应当按照规划进行开发利用，避免闲置（于永海等，2019）。本研究区的围填海工程主要位于泥沙岛（灵昆岛，Is. 1）的东侧区域，是温州市"半岛工程"的重要组成部分，对于拓展城市发展空间、推动区域经济发展具有显著意义，应充分提升其对海岛社会经济发展的支撑作用，故在围填海区域采用开发利用优先的方案 F。

（2）对于泥沙岛（灵昆岛，Is. 1，非围填海区，下同），海岛地势低平，与大陆邻近度高，对各类开发利用均具有明显的适宜性；同时，考虑到海岛生态系统固有的脆弱性（池源等，2015a），在开发利用过程中应当重视海岛生态保护，故在泥沙岛采用一般保护区占绝大部分面积的方案 C。

（3）对于无居民海岛（Is. 3 和 Is. 4），其生态系统脆弱性更加明显，对外界干扰的响应更加灵敏（Chi et al.，2021），故采用生态保护优先的方案 A。

（4）对于三个面积较大的基岩岛（Is. 2、Is. 5 和 Is. 8），其具有重要生态功能的同时承担了社会经济发展职能，当前开发利用较为剧烈，且地表特征具有明显的空间异质性，应当充分考虑海岛的 IEHI 和 IERI，故采取方案 B。

(5)其余面积较小的基岩岛中，Is.6、Is.9 和 Is.10 三个海岛 IEHI 较高且 IERI 较低，应当以生态保护为主，故采用方案 A；Is.7 拥有较高的 IERI，应重点考虑其 IEHI，故采用方案 D。

总体上，面积较大的海岛主要采用兼顾保护与利用的策略，但具体方案根据各岛实际情况有所不同；面积较小以及生态系统健康较高且生态系统韧性较低的海岛，主要采用保护优先的策略；对于特定区域(围填海区)，采用开发利用优先的方案。

表 6-4　洞头群岛海岛空间分区最优方案

区域/海岛			方案
围填海区			方案 F
泥沙岛		灵昆岛(Is.1)	方案 C
基岩岛	无居民海岛	浅门山岛(Is.3)和深门山岛(Is.4)	方案 A
	面积较大的有居民海岛	霓屿岛(Is.2)、状元岙岛(Is.5)和洞头岛(Is.8)	方案 B
	面积较小的有居民海岛	IEHI 较高且 IERI 较低：花岗岛(Is.6)、胜利岙岛(Is.9)和半屏岛(Is.10)	方案 A
		IERI 较高：大三盘岛(Is.7)	方案 D

6.2.2　空间分区最优方案

研究区海岛空间分区最优方案如图 6-2 所示，各岛分区规模见表 6-5。总体来看，开发利用区面积占比最大(44.55%)，严格保护区(27.56%)和一般保护区(27.89%)面积相当。开发利用区包含绝大部分围填海区、城镇建设区和工业区；严格保护区集中分布于基岩岛的植被区，零星分布于泥沙岛的农田区；一般保护区集中分布于泥沙岛的西侧区域，并零星分布于泥沙岛的开发利用区之中以及基岩岛的严格保护区和开发利用区之间。就不同海岛来看，灵昆岛(Is.1)的一般保护区(45.75%)和开发利用区(52.72%)覆盖海岛绝大部分区域；霓屿岛(Is.2)不同分区面积由大到小依次为严格保护区(50.41%)、开发利用区(35.11%)和一般保护区(14.48%)；浅门山岛(Is.3)和深门山岛(Is.4)同为无居民海岛，且均承担了支持交通运输的重要功能，前者以一般保护区(64.03%)和开发利用区(23.51%)为主，是研究区所有海岛中一般保护区面积占比最高的海岛，后者以严格保护区(61.43%)和一般保护区(36.94%)为主；状元岙岛(Is.5)的开发利用区(57.04%)和严格保护区(31.83%)占据大部分面积，该岛也是所有海岛中开发利用区面积占比最高的海岛；花岗岛(Is.6)以严格保护区

（72.91%）占绝对优势，其次为一般保护区（23.96%），开发利用区（3.13%）占比很小；大三盘岛（Is.7）主要由严格保护区（49.97%）和一般保护区（39.43%）组成；洞头岛（Is.8）三个分区面积由大到小依次为严格保护区（50.51%）、开发利用区（37.77%）和一般保护区（11.72%）；胜利岙岛（Is.9）和半屏岛（Is.10）均为严格保护区占绝对优势的海岛，也是研究区所有海岛中严格保护区占比最高的两个海岛，分别达76.69%和78.53%。

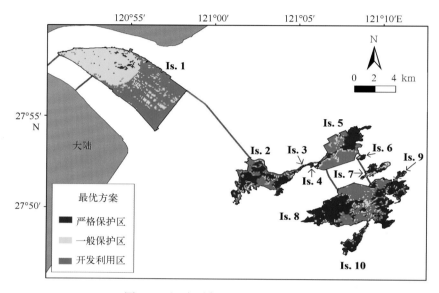

图6-2 洞头群岛空间分区最优方案

表6-5 洞头群岛空间分区最优方案下各分区规模

行标签	严格保护区		一般保护区		开发利用区	
	面积/hm²	占比（%）	面积/hm²	占比（%）	面积/hm²	占比（%）
灵昆岛（Is.1）	69.00	1.52	2070.58	45.75	2386.21	52.72
霓屿岛（Is.2）	606.99	50.41	174.30	14.48	422.77	35.11
浅门山岛（Is.3）	1.02	12.46	5.26	64.03	1.93	23.51
深门山岛（Is.4）	6.18	61.43	3.72	36.94	0.16	1.62
状元岙岛（Is.5）	353.89	31.83	123.71	11.13	634.17	57.04
花岗岛（Is.6）	22.68	72.91	7.45	23.96	0.97	3.13
大三盘岛（Is.7）	86.62	49.97	68.35	39.43	18.38	10.60
洞头岛（Is.8）	1445.51	50.51	335.51	11.72	1080.88	37.77

续表

行标签	严格保护区		一般保护区		开发利用区	
	面积/hm²	占比(%)	面积/hm²	占比(%)	面积/hm²	占比(%)
胜利岙岛(Is. 9)	27.79	76.69	8.44	23.31	0	0
半屏岛(Is. 10)	194.58	78.53	50.16	20.24	3.05	1.23
总计	2814.26	27.56	2847.46	27.89	4548.53	44.55

6.2.3　各岛空间分区及其景观结构

6.2.3.1　灵昆岛(Is. 1)

灵昆岛空间分区及其景观结构如图6-3所示和见表6-6。该岛主要由一般保护区和开发利用区构成，二者分别主要位于海岛的西侧和东侧区域，对应着海岛的非围填海区和围填海区。严格保护区以小斑块形式分布于一般保护区之中，景观构成主要为农业用地(88.83%)；一般保护区中农业用地占比为50.07%，还包括植被(15.44%)、建筑用地(14.90%)、水域(6.44%)和公路(6.38%)等景观类型；开发利用区的景观构成多样，当前主要为植被(28.87%)、裸地(24.94%)、公路(17.63%)、水域(11.27%)、工业用地(8.08%)、建筑用地(6.29%)等，围填海区亟待进一步开发建设。

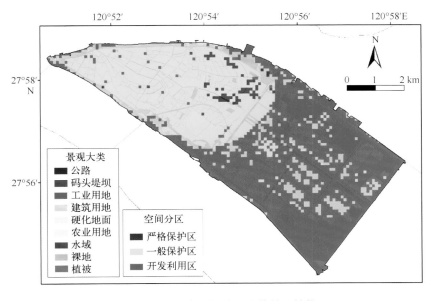

图6-3　灵昆岛空间分区及其景观结构

表 6-6　灵昆岛各分区景观结构

景观大类	严格保护区		一般保护区		开发利用区	
	面积/hm²	占比（%）	面积/hm²	占比（%）	面积/hm²	占比（%）
公路	1.83	2.66	132.02	6.38	420.67	17.63
码头堤坝	0	0	5.92	0.29	34.80	1.46
工业用地	0.03	0.04	52.70	2.55	192.91	8.08
建筑用地	0.89	1.29	308.57	14.90	150.16	6.29
硬化地面	0	0	8.69	0.42	3.67	0.15
农业用地	61.29	88.83	1036.84	50.07	31.00	1.30
水域	1.71	2.48	133.36	6.44	268.87	11.27
裸地	0	0	72.77	3.51	595.16	24.94
植被	3.24	4.70	319.71	15.44	688.98	28.87
总计	68.99	100	2 070.58	100	2 386.22	100

6.2.3.2　霓屿岛（Is. 2）

霓屿岛空间分区及其景观结构如图 6-4 所示和见表 6-7。该岛严格保护区主要位于海岛内部的山体区域，主要由植被（90.19%）构成；开发利用区可见于海岛边缘位置以及围填海区，包括当前的采石区（33.34%）、植被（20.00%）、建筑用地（16.32%）、裸地（12.15%）、公路（10.24%）等。一般保护区位于前二者之间的区域，规模较小，由植被（61.68%）、建筑用地（11.58%）、采石区（10.35%）等构成。

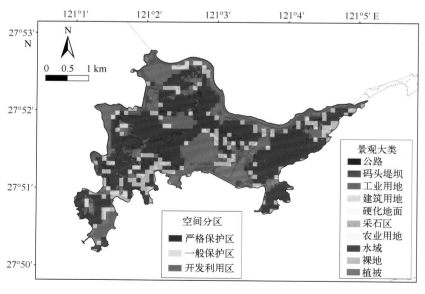

图 6-4　霓屿岛空间分区及其景观结构

表 6-7　霓屿岛各分区景观结构

景观大类	严格保护区		一般保护区		开发利用区	
	面积/hm²	占比（%）	面积/hm²	占比（%）	面积/hm²	占比（%）
公路	9.76	1.61	10.18	5.84	43.29	10.24
码头堤坝	0.07	0.01	0.76	0.43	4.72	1.12
工业用地	0.16	0.03	1.20	0.69	14.08	3.33
建筑用地	14.27	2.35	20.18	11.58	69.00	16.32
硬化地面	0.38	0.06	0.85	0.49	3.56	0.84
采石区	5.60	0.92	18.04	10.35	140.93	33.34
农业用地	23.69	3.90	8.52	4.89	5.95	1.41
水域	0.78	0.13	0.43	0.25	5.32	1.26
裸地	4.82	0.79	6.64	3.81	51.35	12.15
植被	547.46	90.19	107.51	61.68	84.56	20.00
总计	606.99	100	174.31	100	422.76	100

6.2.3.3　浅门山岛（Is. 3）

浅门山岛空间分区及其景观结构如图 6-5 所示和见表 6-8。该岛和深门山岛为无居民海岛，面积较小，但作为连岛公路的重要支点，公路占比较高，在严格保护区、一般保护区和开发利用区中分别占比 13.58%、18.14% 和 37.84%；植被是海岛的景观基质，在严格保护区、一般保护区和开发利用区中分别占比 83.52%、72.30% 和 58.66%。

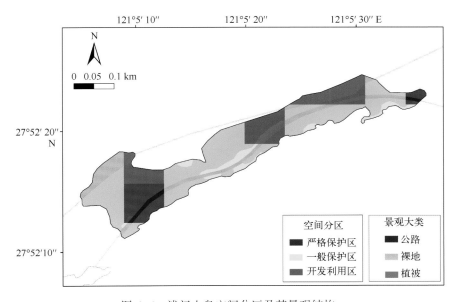

图 6-5　浅门山岛空间分区及其景观结构

表 6-8　浅门山岛各分区景观结构

景观大类	严格保护区		一般保护区		开发利用区	
	面积/hm²	占比（%）	面积/hm²	占比（%）	面积/hm²	占比（%）
公路	0.14	13.58	0.95	18.13	0.73	37.84
裸地	0.03	2.90	0.50	9.57	0.07	3.50
植被	0.85	83.52	3.80	72.30	1.13	58.66
总计	1.02	100	5.25	100	1.93	100

6.2.3.4　深门山岛（Is.4）

深门山岛空间分区及其景观结构如图 6-6 所示和见表 6-9。该岛虽然也是跨海公路的支点，但公路占用海岛面积总体较小，在严格保护区、一般保护区和开发利用区中分别占比 3.70%、6.55% 和 69.31%；植被分布于严格保护区和一般保护区，占比分别为 95.91% 和 85.81%。此外，开发利用区中还包括面积占比为 30.69% 的裸地。

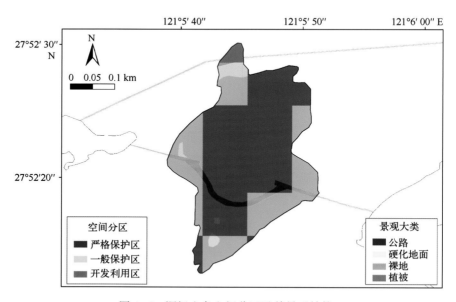

图 6-6　深门山岛空间分区及其景观结构

表 6-9 深门山岛各分区景观结构

景观大类	严格保护区		一般保护区		开发利用区	
	面积/hm²)	占比（%）	面积/hm²	占比（%）	面积/hm²	占比（%）
公路	0.23	3.70	0.24	6.55	0.11	69.31
硬化地面	0.02	0.33	0.05	1.38	0	0
裸地	0	0.06	0.23	6.25	0.05	30.69
植被	5.93	95.91	3.19	85.82	0	0
总计	6.18	100	3.71	100	0.16	100

6.2.3.5 状元岙岛（Is. 5）

状元岙岛空间分区及其景观结构如图 6-7 所示和见表 6-10。严格保护区位于海岛山体区域，主要由植被（95.33%）构成；开发利用区位于海岛地势低平处和围填海区域，当前主要包括尚未开发利用的裸地（35.63%）、水域（24.34%）、植被（16.67%）以及已开发建设的工业用地（5.85%）、建筑用地（5.57%）和采石区（5.03%）等；一般保护区面积较小，主要位于前二者之间的区域，由植被（49.00%）、建筑用地（18.87%）、工业用地（14.30%）、裸地（7.94%）、公路（4.52%）等构成。

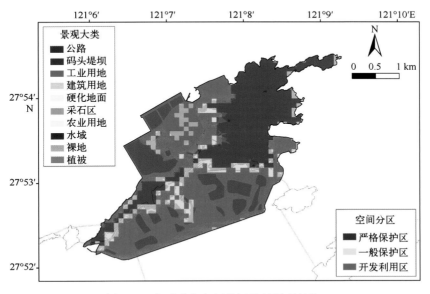

图 6-7 状元岙岛空间分区及其景观结构

表 6-10　状元岙岛各分区景观结构

景观大类	严格保护区		一般保护区		开发利用区	
	面积/hm²	占比（%）	面积/hm²	占比（%）	面积/hm²	占比（%）
公路	1.32	0.37	5.59	4.52	17.99	2.84
码头堤坝	0	0	0.52	0.42	18.65	2.94
工业用地	0	0	17.69	14.30	37.10	5.85
建筑用地	2.35	0.66	23.34	18.87	35.34	5.57
硬化地面	0.03	0.01	0	0	5.21	0.82
采石区	0.64	0.18	0.95	0.76	31.93	5.03
农业用地	6.65	1.88	1.43	1.16	1.93	0.30
水域	0.75	0.21	3.74	3.03	154.38	24.34
裸地	4.80	1.36	9.82	7.94	225.94	35.63
植被	337.36	95.33	60.62	49.00	105.71	16.67
总计	353.89	100	123.71	100	634.17	100

6.2.3.6　花岗岛（Is. 6）

花岗岛空间分区及其景观结构如图 6-8 所示和见表 6-11。该岛严格保护区占据大部分面积，主要由植被（94.12%）构成；一般保护区位于严格保护区外侧，主要由植被（50.28%）和建筑用地（28.48%）构成；开发利用区位于海岛边缘，由码头堤坝（37.80%）、植被（36.12%）、建筑用地（14.76%）和公路（11.32%）组成。

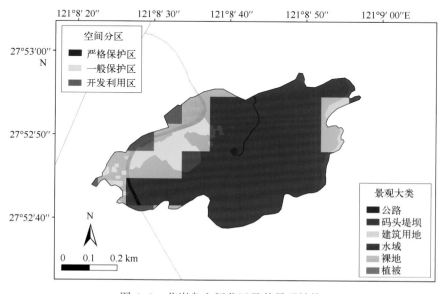

图 6-8　花岗岛空间分区及其景观结构

表6-11 花岗岛各分区景观结构

景观大类	严格保护区		一般保护区		开发利用区	
	面积/hm²	占比(%)	面积/hm²	占比(%)	面积/hm²	占比(%)
公路	0.19	0.82	0.47	6.34	0.11	11.32
码头堤坝	0	0	0.64	8.60	0.37	37.80
建筑用地	0.61	2.68	2.12	28.48	0.14	14.76
水域	0.05	0.21	0	0	0	0
裸地	0.49	2.17	0.47	6.31	0	0
植被	21.35	94.12	3.75	50.28	0.35	36.12
总计	22.68	100	7.45	100	0.97	100

6.2.3.7 大三盘岛(Is.7)

大三盘岛空间分区及其景观结构如图6-9所示和见表6-12。由海岛内部至边缘,各分区总体呈严格保护区、一般保护区和开发利用区的布局。严格保护区主要包括植被(74.86%)和建筑用地(14.72%),一般保护区同样主要由植被(43.38%)和建筑用地(31.40%)构成,开发利用区则包括植被(46.98%)、建筑用地(18.14%)、裸地(15.82%)等。

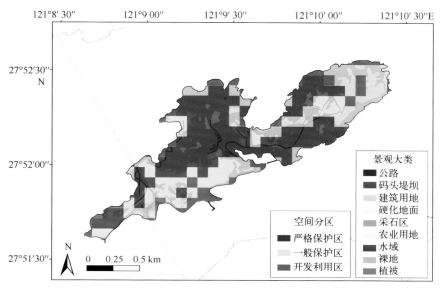

图6-9 大三盘岛空间分区及其景观结构

表6-12　大三盘岛各分区景观结构

景观大类	严格保护区		一般保护区		开发利用区	
	面积/hm²	占比（%）	面积/hm²	占比（%）	面积/hm²	占比（%）
公路	2.34	2.70	2.48	3.63	1.06	5.76
码头堤坝	0.03	0.03	0.13	0.19	0.21	1.12
建筑用地	12.75	14.72	21.46	31.40	3.33	18.14
硬化地面	0.73	0.84	2.55	3.72	0.68	3.69
采石区	0.55	0.64	6.28	9.18	1.52	8.28
农业用地	3.36	3.88	0.31	0.45	0.02	0.10
水域	0.49	0.57	0	0	0.02	0.12
裸地	1.53	1.76	5.50	8.04	2.91	15.82
植被	64.85	74.86	29.65	43.38	8.64	46.98
总计	86.63	100	68.35	100	18.38	100

6.2.3.8　洞头岛（Is.8）

　　洞头岛空间分区及其景观结构如图6-10所示和见表6-13。该岛主要由严格保护区和开发利用区组成。严格保护区的景观类型主要为植被（85.11%）。开发利用区包括建筑用地（34.11%）、公路（9.71%）、工业用地（8.95%）等开发利用类型，还存在植被（21.29%）、裸地（14.08%）等景观类型，主要位于围填海区内的待建设区。一般保护区占比很小，以碎片化形式存在，除了植被（36.78%）和建筑用地（34.46%）外，还包括一定规模的农田（9.61%）等类型。

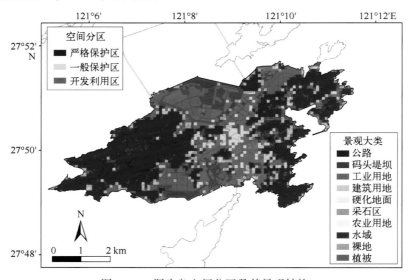

图6-10　洞头岛空间分区及其景观结构

表 6-13　洞头岛各分区景观结构

景观大类	严格保护区		一般保护区		开发利用区	
	面积/hm²	占比（%）	面积/hm²	占比（%）	面积/hm²	占比（%）
公路	30.90	2.14	15.97	4.76	104.95	9.71
码头堤坝	0.73	0.05	2.34	0.70	17.24	1.60
工业用地	2.30	0.16	5.64	1.68	96.69	8.95
建筑用地	59.45	4.11	115.61	34.46	368.72	34.11
硬化地面	3.33	0.23	2.11	0.63	9.44	0.87
采石区	1.57	0.11	3.28	0.98	14.36	1.33
农业用地	87.21	6.03	32.23	9.61	41.12	3.80
水域	12.17	0.84	9.15	2.73	46.03	4.26
裸地	17.60	1.22	25.49	7.60	152.21	14.08
植被	1230.26	85.11	123.70	36.87	230.13	21.29
总计	1 445.52	100	335.51	100	1080.88	100

6.2.3.9　胜利岙岛（Is. 9）

　　胜利岙岛空间分区及其景观结构如图 6-11 所示和见表 6-14。海岛由位于中部的严格保护区和边缘的一般保护区构成，前者的景观构成主要是植被（87.30%），后者则包括植被（55.52%）、裸地（27.39%）、建筑用地（13.03%）等。

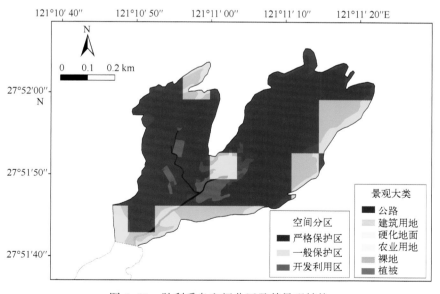

图 6-11　胜利岙岛空间分区及其景观结构

表 6-14　胜利岙岛各分区景观结构

景观大类	严格保护区		一般保护区		开发利用区	
	面积/hm²	占比(%)	面积/hm²	占比(%)	面积/hm²	占比(%)
公路	0.20	0.70	0.19	2.24	0	0
建筑用地	0.52	1.87	1.10	13.03	0	0
硬化地面	0.02	0.05	0	0	0	0
农业用地	1.24	4.46	0.15	1.82	0	0
裸地	1.56	5.61	2.31	27.39	0	0
植被	24.26	87.30	4.69	55.52	0	0
总计	27.80	100	8.44	100	0	0

6.2.3.10　半屏岛(Is.10)

半屏岛空间分区及其景观结构如图 6-12 所示和见表 6-15。该岛主要由严格保护区和一般保护区组成，前者以植被(81.58%)为绝对优势景观，后者包括植被(47.16%)、建筑用地(21.13%)、裸地(10.82%)等。

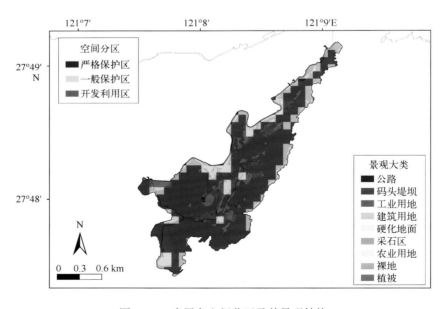

图 6-12　半屏岛空间分区及其景观结构

表 6-15　半屏岛各分区景观结构

景观大类	严格保护区		一般保护区		开发利用区	
	面积/hm²	占比(%)	面积/hm²	占比(%)	面积/hm²	占比(%)
公路	2.99	1.54	4.24	8.45	0.34	11.14
码头堤坝	0.10	0.05	0.18	0.36	0.31	10.02
工业用地	0.63	0.32	1.13	2.26	0	0
建筑用地	14.13	7.26	10.60	21.13	0.09	2.96
硬化地面	0.14	0.07	0.79	1.58	0.01	0.26
采石区	3.80	1.95	2.66	5.30	0	0
农业用地	12.00	6.17	1.47	2.94	0	0
裸地	2.05	1.05	5.43	10.82	1.66	54.41
植被	158.74	81.58	23.65	47.16	0.65	21.21
总计	194.58	100	50.16	100	3.05	100

6.3　海岛发展对策研究

6.3.1　基于景观结构分析的海岛开发利用规模调控对策

6.3.1.1　景观结构分析

　　不同景观类型对于不同分区具有不同的适宜性。公路、工业用地、建筑用地、硬化地面和采石区对海岛自然子系统的干扰较高(见表 3-5，IHII > 0.6)，可归类为高干扰景观，在开发利用区、一般保护区和严格保护区的适宜性依次降低；码头堤坝、农业用地、水域和裸地对海岛自然子系统的干扰适中(见表 3-5，0.3 < IHII ≤ 0.6)，可归类为中干扰景观，在一般保护区和开发利用区的适宜性高于严格保护区；植被对海岛自然子系统干扰最低(IHII ≤ 0.6)，且对海岛生态系统维护具有重要作用，可归类为低干扰景观(或增益景观)，在严格保护区、一般保护区和开发利用区的适宜性依次降低。

　　海岛景观结构分析结果如图 6-13 所示。在泥沙岛中，严格保护区面积很小，夹杂在一般保护区中，基本由中干扰景观(农业用地)构成。一般保护区中，中干扰景

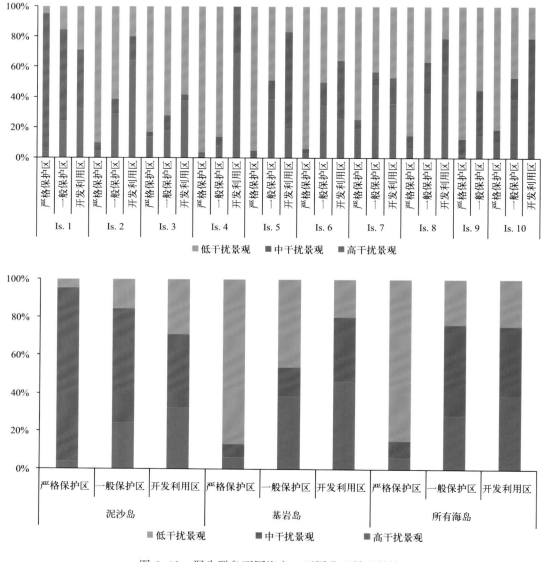

图 6-13　洞头群岛不同海岛、不同分区景观结构

观占据大部分面积，主要为农业用地和水域；高干扰景观主要为建筑用地和公路，其中建筑用地基本为村镇居民用地，沿公路和水道分布，呈明显的碎片化分布形态；低干扰景观主要为植被，多为分布于岛岸处的防护林。开发利用区中，高、中、低干扰景观均占据一定面积；中干扰景观和低干扰景观分别主要为临时开垦的农田和临时形成的湿地植被，高干扰景观为已开发建设的建筑用地和工业用地。总体来看，

高干扰景观和低干扰景观占比均沿严格保护区、一般保护区和开发利用区依次增大，中干扰景观则呈现相反的特征。在基岩岛中，严格保护区主要由低干扰景观（即植被）构成，其占比达87.10%；高干扰景观和中干扰景观占比很小，前者主要包括以小斑块形式存在的村庄建筑和以线型斑块形式存在的公路，后者主要为村庄附近的小片农田以及裸地。一般保护区中，低干扰景观（植被）以及以建筑用地、公路和采石区为主的高干扰景观占比较多，以农田和裸地为主的中干扰景观也有所分布。开发利用区中，以建筑用地、公路和采石区为主的高干扰景观占比较高，其次为以裸地和水域为主的中干扰景观，低干扰景观也有所分布。总体来看，中干扰景观和高干扰景观占比沿严格保护区、一般保护区和开发利用区依次增大，低干扰景观则呈现相反的特征。

6.3.1.2　海岛开发利用规模调控对策

基于各景观类型在不同分区的适宜性，提出保护与利用对策如下。

（1）在严格保护区中，高干扰景观和中干扰景观适宜性较低，应采取规模控制、逐步退出等手段进行景观结构优化。对于高干扰景观，公路是海岛交通运输的基本途径，对海岛生态保护也具有辅助作用，部分建筑用地对生态保护管理和社会发展具有支撑作用；除上述两类外的高干扰景观应当陆续退出严格保护区。对于中干扰景观，应对其规模进行总量控制；对于其中具有较高负面生态影响的景观类型，应逐步有序退出；对于人工裸地，应尽快开展开发利用或进行生态修复。对于低干扰景观，其适宜性较高，应确保其完整性，并进一步提高其连通性。

（2）在一般保护区中，各类景观均具有一定适宜性，且低干扰景观和中干扰景观的适宜性高于高干扰景观，不同景观类型的结构应当维持平衡，且高干扰景观应适时进行控制或退出。在泥沙岛上，中干扰景观（农业用地）和低干扰景观（植被）应确保不受侵占，高干扰景观应进行总量控制或通过闲置房屋整治降低规模。在基岩岛上，一般保护区面积总体较小且位于严格保护区和开发利用区之间，实际上形成了二者之间的缓冲带；应在各岛制定明确的景观结构变化阈值，并确保高、中、低干扰景观的变化在阈值之下。

（3）在开发利用区，高干扰景观适宜性最高，其次为中干扰景观，低干扰景观适宜性较低。在泥沙岛和基岩岛上，低干扰景观均具有不小的占比，又可分为两类；第一类是城镇区内进行的绿地建设，第二类是尚未开发建设的围填海区内生长的湿地植被，且第二类是主要类型。对于第二类，后续围填海区的开发建设不可避免地要对其进行占用；对于第一类，应对其进行严格保护并在新的开发建设（如围填海区的开发建设）中确保其具有一定规模。中干扰景观主要为围填海区域尚未开发建设的裸地和临时水域，也应当在下一步进行充分的开发利用。随着围填海区域低干扰景观和中干扰景观的开发利用，开发利用区高干扰景观比例会得到明显的提升。

6.3.2　基于情景分析的海岛人类活动调控对策

6.3.2.1　情景分析

情景分析是开展生态系统分析与评估、提供区域保护与发展策略的有效手段（Seppelt et al., 2013；Hashimoto et al., 2019）。根据第 3 章研究结果，通过情景分析法提出不同海岛人类活动的调控对策。基于景观类型、规模和等级，共设计了 8 种情景：情景 1 至情景 4 设定了景观类型和规模的变化；情景 5 至情景 8 设定了利用等级的提升。考虑到研究区人类活动现状和发展趋势，将岛群公路、海岛公路和建筑用地作为情景分析的景观类型（表 6-16）。

表 6-16　人类活动变化的 8 种情景

情景		内容	
		岛群公路和海岛公路	建筑用地
景观类型和规模变化	情景 1	宽度增加 1 m	范围扩大 10 m
	情景 2	宽度增加 2 m	范围扩大 20 m
	情景 3	宽度增加 3 m	范围扩大 30 m
	情景 4	宽度增加 4 m	范围扩大 40 m
利用等级提升	情景 5	目前的低等级提升为中等级	
	情景 6	目前的中等级提升为高等级	
	情景 7	目前的低等级提升为中等级、目前的中等级提升为高等级	
	情景 8	目前的低等级和中等级均提升为高等级	

在情景 1 至情景 4 中，通过 ArcGIS 10.0 中的 Buffer 工具生成各情景设定的景观类型和规模；在情景 5 至情景 8 中，通过修改公路和建筑用地的属性表，生成各情景设定的利用类型。进而，采用上述方法计算各情景中的 IHII 和 IHSI。采用 ΔIHII 和 ΔIHSI

来反映某一情景下的指标值与实际指标值的差值，计算方法如下：

$$\Delta\text{IHII} = \text{IHII}_x - \text{IHII}, \tag{6-1}$$

$$\Delta\text{IHSI} = \text{IHSI}_x - \text{IHSI}, \tag{6-2}$$

式中，IHII_x 和 IHSI_x 分别为情景 x 中的 IHII 和 IHSI。由此生成不同情景下 ΔIHII 和 ΔIHSI 的空间分布图。此外，采用 $\Delta'\text{IHII}$ 和 $\Delta'\text{IHSI}$ 来反映某一情景下的指标值相对于实际指标值的变化率，计算方法如下：

$$\Delta'\text{IHII} = \frac{\text{IHII}_x - \text{IHII}}{\text{IHII}}, \tag{6-3}$$

$$\Delta'\text{IHSI} = \frac{\text{IHSI}_x - \text{IHSI}}{\text{IHSI}}. \tag{6-4}$$

采用上式计算整个研究区的 $\Delta'\text{IHII}$、$\Delta'\text{IHSI}$ 和 $\Delta'\text{IHSI}/\Delta'\text{IHII}$。

6.3.2.2　不同情景下海岛人类活动影响的变化特征

8 种情景下 ΔIHII 和 ΔIHSI 的空间特征如图 6-14 和图 6-15 所示。在设定景观类型和规模变化的情景 1 至情景 4 中，ΔIHII 正值区主要以线状形态沿公路分布，以连续状态分布于城镇区，以分散状态分布于乡村区；由情景 1 至情景 4，ΔIHII 正值区面积逐渐增大，特别是在乡村区。ΔIHSI 正值区占据了不小的面积，但其值总体较低，且在这四种情景中变化不大。在设定利用等级提升的情景 5 至情景 8 中，ΔIHII 和 ΔIHSI 正值区均位于利用等级提升了的公路和建筑用地。在情景 5 中，ΔIHII 和 ΔIHSI 正值区可见于目前的低等级公路和建筑用地；在情景 6 中，ΔIHII 和 ΔIHSI 正值区可见于目前的中等级公路和建筑用地；在情景 7 和情景 8 中，ΔIHII 和 ΔIHSI 正值区可见于目前的低、中等级公路和建筑用地。由情景 5 至情景 8，ΔIHII 和 ΔIHSI 值表现出了不同程度的变化。

8 种情景下研究区 $\Delta'\text{IHII}$ 和 $\Delta'\text{IHSI}$ 的总体变化特征见图 6-16。在情景 1 至情景 4 中，$\Delta'\text{IHII}$ 明显高于 $\Delta'\text{IHSI}$；在情景 5 至情景 8 中，$\Delta'\text{IHII}$ 则显著低于 $\Delta'\text{IHSI}$。$\Delta'\text{IHII}$ 在情景 1 至情景 4 中明显高于其在情景 5 至情景 8 中，$\Delta'\text{IHSI}$ 则在情景 1 至情景 4 中显著低于其在情景 5 至情景 8 中。由情景 1 至情景 4，$\Delta'\text{IHII}$ 和 $\Delta'\text{IHSI}$ 均逐渐增大，且 $\Delta'\text{IHII}$ 在情景 4 中取得了 8 个情景中的最高值；在情景 5 至情景 8 中，$\Delta'\text{IHII}$ 和 $\Delta'\text{IHSI}$ 沿着情景 6、情景 5、情景 7 和情景 8 依次增大，且 $\Delta'\text{IHSI}$ 在情景 8 中取得了 8 种情景中的最高值。$\Delta'\text{IHSI}/\Delta'\text{IHII}$ 在情景 5 至情景 8 中明显高于其在情景 1 至情景 4 中，并且在情景 6 中取得了最高值。

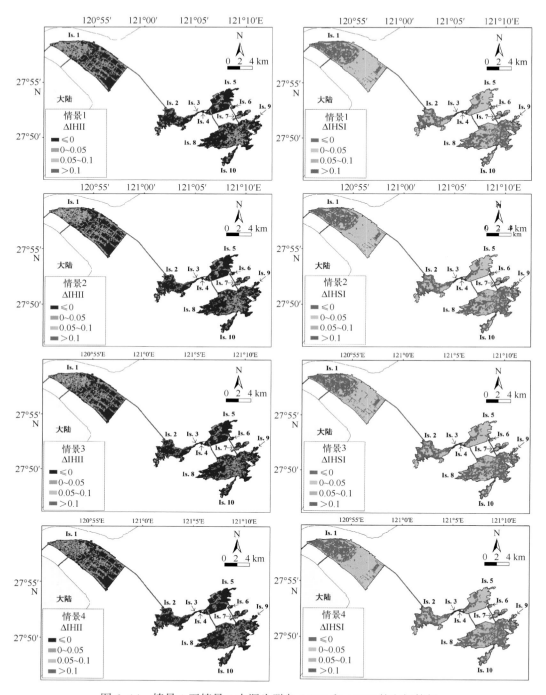

图 6-14　情景 1 至情景 4 中洞头群岛 ΔIHII 和 ΔIHSI 的空间特征

注：ΔIHII 和 ΔIHSI 指某一情景下的指标值与实际指标值的差值，计算方法可见式 (6-1) 和

式 (6-2)；各情景的具体内容见表 6-16。下同

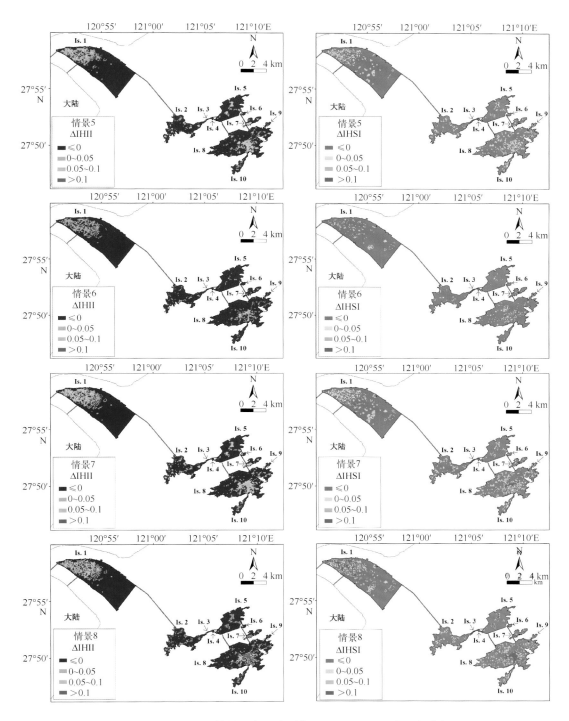

图 6-15　情景 5 至情景 8 中洞头群岛 ΔIHII 和 ΔIHSI 的空间特征

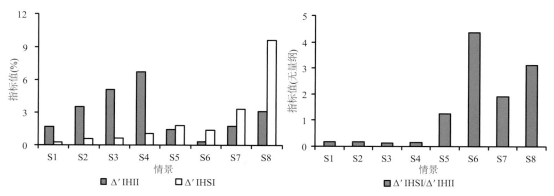

图 6-16　不同情景下洞头群岛 Δ′IHII 和 Δ′IHSI 的总体变化特征

注：Sx 指情景 x；Δ′IHII 和 Δ′IHSI 指某一情景下的指标值相对于

实际指标值的变化率，计算方法可见式(6-3)和式(6-4)

6.3.2.3　各岛人类活动调控对策

在不同情景中，Δ′IHSI/Δ′IHII 在情景 1 至情景 4 和情景 5 至情景 8 之间表现出了显著的差异。在情景 1 至情景 4 中，Δ′IHII 明显高于 Δ′IHSI，说明公路和建筑用地扩张产生的对自然子系统干扰的增长率远大于对社会子系统支撑的增长率。因此，蔓延式的开发利用格局不应成为海岛发展的主要模式，这也是现阶段城镇建设发展的共识（Gusdorf et al.，2007；Nam et al.，2012；Nuissl et al.，2012；王芳等，2014）。在情景 5 至情景 8 中，Δ′IHSI/Δ′IHII 均大于 1 且在情景 6 中取得了最高值，说明利用等级提升产生的对社会子系统支撑的增长大于对自然子系统干扰的增长。节约集约和高等级的开发利用应当成为研究区海岛发展的主要模式，这与 Chen 等（2008）和 Zhao 等（2011）的研究结果相一致。此外，利用等级由中等级向高等级的提升（即情景 6）带来的 Δ′IHSI/Δ′IHII 显著高于由低等级向中等级的提升（即情景 5），且由低等级和中等级向高等级的提升（即情景 8）带来了最高的 Δ′IHSI。应当基于资金和技术条件，开展循序渐进的、持续的利用等级提升。综上，相较于成本较高、难度较大的人类活动规模结构调整，人类活动等级和质量的改善是更加切实可行且高效的对策措施。

在不同海岛上，面积较大海岛往往拥有比小岛具有更高的 IHII、IHSI 和更低的 IHSI/IHII，说明在目前的发展阶段，人类活动强度的增加产生的干扰比支撑更多。在灵昆岛（Is.1）上，不同类型的人类活动遍布整岛。海岛西侧主要为拥有中等或较高 IHII 和相对较低 IHSI 的农业用地和住宅建筑。在农业活动集中区，应当选择合适作物并采取合理的耕作制度以提升农业产量；在住宅建筑区，房屋建筑应当更加有序并遵循节约集约模式以提升其利用效率和社会支撑功能，无序、分散的乡村建筑应当被限制。海岛东侧主要是围填海区，且目前大部分区域尚待开发建设，使得目前的 IHSI/IHII 并不高。围填海区应当依据规划进行合理、充分的开发利用，同时应开展相应的生态修复措施以最大程度地降低围填海活动对自然生态系统的负面影响。霓屿岛（Is.2）是采石区面积最大的海岛，造成了海岛相应区域的高 IHII 和极低的 IHSI/IHII。采石区规模应当严格控制，并禁止新增采石区，现有采石区应当在工程完工后通过种植先锋树种等方式开展必要的生态修复。浅门山岛（Is.3）和深门山岛（Is.4）是无居民海岛，充当了连岛大桥的重要支点，确保交通支撑功能的稳定性是这两个海岛的首要任务。状元岙岛（Is.5）北侧为区域重要港口，其表现出了高 IHII 和 IHSI，应当充分利用其对社会子系统的支撑功能，并采取措施减小其对自然子系统的损害，如控制船舶污染物排放等；海岛南侧为较大规模的围填海区，同样应当及时、充分地发挥其社会支撑功能。花岗岛（Is.6）面积较小，居民人口也较少。该岛以其海岛民俗文化和自然景观成为重要的观光旅游目的地，应当在旅游活动中严格控制游客破坏生境、丢弃废弃物等行为，减少旅游活动产生的负面影响。大三盘岛（Is.7）拥有较低的 IHSI/IHII，这是由于该岛拥有较多的低效率开发利用活动，包括海岛西侧较大规模的低等级住宅建筑以及海岛东侧的采石区，应采取针对性的措施解决目前低效率的问题，如充分利用建筑用地的住宅功能、开展生态修复措施恢复采石区生态功能等。洞头岛（Is.8）作为行政中心，高强度的城镇建设集中分布于海岛中部区域，造成了该区域较高的 IHII 和 IHSI，可通过构建绿地空间、提升建筑等级来降低 IHII 和提升 IHSI。该岛拥有大规模的林地，应当严格保护海岛林地，防止无序占用。对于胜利岙岛（Is.9）和半屏岛（Is.10），人类活动强度相对较低，且拥有着各岛中最高的 IHSI/IHII，应当加强海岛的生态保护，提倡高效率的人类开发利用活动；这两个海岛同样是重要旅游景观所在地，应积极推广生态旅游。

6.3.3　不同空间分区的海岛保护和利用对策

在近期规划中，海洋经济、海岛旅游和生态保护是研究区下一步的重点发展方向（温州市人民政府，2017）。针对研究区发展方向，根据海岛生态系统分析、评估与分区结果，提出不同空间分区的海岛发展策略。

6.3.3.1　严格保护区

该区应执行严格的生态系统保护策略，原则上禁止一切以开发建设为目的的人类活动，尤其是占用较大规模空间或产生明显负面影响的类型。具体而言，采石区严重改变海岛地形地貌，破坏植被-土壤系统，且割裂自然景观；一般工业区会排放各类形式的污染物；这两种景观类型应当完全退出严格保护区。对于建筑用地而言，只有以生态保护为目的的建筑和设施允许新建；临时建筑用地以及小面积的闲置建筑也应逐渐退出并开展生态修复。已有农业用地可分为两类对待。一类是建筑附近的碎片化农田，可按照建筑用地的管理措施一并实施；另一类是生态状况较好的大片农田，主要位于泥沙岛上，可通过开展生态农业的方式维护并提升其生态功能。海岛自然岸线和裸岩应严格保护，防止海岸侵蚀和不合理占用。海岛林地应当确保不受人类活动侵占，采取树种结构优化、林分密度调整等方式提升林地生态稳定性，并对病虫害、林火进行严格防控。

6.3.3.2　一般保护区

该区可在生态系统保护的前提下开展适度的、兼容的开发利用活动。应根据海岛生态系统健康和韧性评估结果，结合海岛发展方向，制定各岛一般保护区开发利用准入名录，规定允许进行适度开发的类型、规模和布局。城镇建设和工业发展应控制规模并重点在生态系统韧性较高的区域开展；应提倡生态农业和生态旅游以充分利用海岛自然资源的社会和经济效益，并在泥沙岛开展土壤盐渍化控制措施，如水利设施完善、土壤理化性质修复、耐盐植物种植等。在生态系统健康极高或韧性极低的区域，不应新增开发建设；在生态系统健康极低的区域，应根据实际情况开展受损植被和土壤的生态修复。此外，开发利用预留区也应在一般保护区内进行划定和明确，为海岛未来发展预留空间。

6.3.3.3　开发利用区

该区应以合理且高效的发展为主要目标，各岛应当根据其生态系统健康和韧性评估结果并结合海岛发展目标制定海岛开发利用区产业准入名录。建筑用地应当依据规划进行空间优化和有序化，其利用等级应适时不断提升；对外和对内交通基础设施(公路和码头)应定期开展维护并进一步提升其承载能力，尤其是连接不同海岛的跨海大桥和公路；应构建包括生态源地和生态廊道的海岛生态网络，实现城镇绿地之间以及城镇绿地与林地之间的生态连通性，减缓城镇建设对海岛自然子系统的负面影响。上述措施同时致力于提升海岛人居环境。此外，围填海区应当根据规划进行充分的开发建设，海岛港口(状元岙港)资源也应实现高效的利用；开山采石和重工业等对海岛生态系统具有显著负面影响的开发利用类型应严格控制其规模和范围，原则上不应新增。

生活污水和垃圾应当被妥善处理，避免破坏海岛及周边海域的生态环境。

6.4　本章小结

（1）基于海岛生态系统健康和韧性的空间数据，依照不同的海岛保护与利用策略，提出了六种海岛空间分区方案，将海岛内部划分为严格保护区、一般保护区和开发利用区。方案 A 侧重生态保护，严格保护区和一般保护区占据了研究区 95% 以上的面积。方案 B 至方案 E 兼顾生态保护与开发利用：方案 B 和方案 C 充分考虑了 IEHI 和 IERI，前者注重各分区面积的均衡，后者则以一般保护区作为主要分区类型；方案 D 和方案 E 分别基于 IEHI 和 IERI 进行划分，各分区的面积占比较为一致。方案 F 侧重开发利用，开发利用区占据研究区大部分面积。

（2）根据不同海岛的发展方向以及生态系统健康和韧性的评估结果，识别海岛空间分区的最优方案。围填海区采用方案 F，泥沙岛（Is.1）采用方案 C，无居民海岛（Is.3 和 Is.4）以及 IEHI 较高且 IERI 较低的有居民海岛（Is.6、Is.9 和 Is.10）采用方案 A，面积较大的有居民海岛（Is.2、Is.5 和 Is.8）采用方案 B，IERI 较高的有居民海岛（Is.7）采用方案 D。最优方案中，研究区开发利用区面积占比最大（44.55%），严格保护区（27.56%）和一般保护区（27.89%）面积相当。进而，对研究区 10 个海岛的空间分区及其景观结构分别进行了剖析。

（3）开展了基于生态系统的海岛发展对策研究。基于景观结构现状分析，提出了海岛开发利用规模调控对策；基于情景分析，明确了节约集约和高效的开发利用应当成为海岛发展的主要模式，并提出了不同海岛的人类活动调控对策；进而，结合研究区近期发展规划，提出了不同空间分区的海岛发展策略。

第7章　主要结论

以海岛生态系统的空间异质性为核心，以基于生态系统的海岛空间分区为出口，以洞头群岛为研究区，在全面剖析海岛景观、植被和土壤三个关键生态要素的空间分异特征及主要外界干扰因子的基础上，构建了一套直接服务于空间分区的海岛生态系统健康和韧性模型，提出了针对不同保护和利用目的的多种海岛空间分区方案，并根据不同海岛发展方向识别了各岛最优分区方案。主要研究结论如下。

（1）人类活动改变海岛轮廓并塑造海岛地表景观，已成为海岛生态系统演变的主控因子，对海岛自然子系统带来干扰的同时支撑着海岛社会子系统的发展。基于高分辨率遥感影像和全面的现场调查，精准刻画了海岛的景观格局特征。植被、农业用地和建筑用地是研究区规模最大的三类景观类型，其中植被和农业用地分别是基岩岛和泥沙岛的主导景观类型。研究区开展了较大规模的围填海活动，目前围填海区面积占研究区总面积的35%以上。基于景观类型、规模、等级和变化过程构建的海岛人类活动干扰和支撑指数（IHII 和 IHSI）提升了人类活动影响系数赋值的准确性，定量地揭示了人类活动对海岛自然子系统和社会子系统的影响及其空间特征。在评价单元尺度上，两个指数在建筑用地、工业用地、公路以及围填海区中较高，在植被和裸地中较低，采石区和植被分别是支撑干扰比（IHSI/IHII）最低和最高的两个景观大类；在海岛尺度上，两个指数在面积较大和大陆邻近度较高的海岛中往往较高，灵昆岛（Is. 1）和胜利岙岛（Is. 9）分别取得了最高值和最低值。两个指数的空间分布由景观类型、规模和等级共同决定，其中景观类型起到了基础性的作用，规模效应对 IHII 的影响大于其对 IHSI 的影响，而利用等级对 IHSI 产生了比对 IHII 更大的影响；两个指数也受到了自然影响因子的制约，对海拔、坡度和岸线邻近度的空间响应较为灵敏。

（2）海岛植被–土壤系统在双重尺度上表现出了空间异质性，对各类自然和人为因子的空间响应灵敏，通过耦合现场点状数据和遥感面状数据，实现了植被和土壤指标"由点到面"的空间模拟。基于现场调查和取样数据，采用单项指标和综合指标全面测度了海岛植被–土壤系统的空间格局，并从各类自然和人为潜在因子中辨识了海岛植被-土壤系统的关键影响因子。结果显示，研究区草本植物种类丰富，分布广泛，且对环境响应较灵敏；在海岛尺度上，面积越小、围填海强度和人类干扰越低、植被覆盖率越高的海岛，拥有更好的植被-土壤系统状况；在点位尺度上，海拔和归一化植被指数越高、盐度指数和裸土指数越低的点位，植被-土壤系统状况往往越好。进而，通过充分挖掘遥感影像的生态意义和空间信息，构建了一套包含光谱信息、生态指数、地形条件、地理位置、景观格局 5 类因子的预测因子体系，对草本植物 Shannon-Wiener 指数（HH′）和 Pielou 指数（HE）以及土壤容重（BD）、含盐量（S）、总有机碳（TOC）、总氮（TN）、有效磷（AP）和速效钾（AK）共 8 个指标开展空间模拟。结果显示，上述 8 个指标的均方根误差（RMSE）依次为 0.35、0.08、0.18 g/cm^3、0.38 g/kg、3.08 g/kg、0.36 g/kg、5.74 mg/kg 和 61.95 mg/kg，空间模拟精度总体较高，不确定性较低，满足空间显示的要求，为开展海岛生态系统综合评估提供了必要数据。

（3）构建了一套充分考虑关键生态要素和主要外界干扰及其耦合关系、以空间异质性为特色、直接服务于空间分区的海岛生态系统健康和韧性模型。基于对海岛生态系统关键要素和外界干扰及其空间分异性和内在联系的全面分析，构建了一套基于三个关键要素（景观、植被和土壤）的海岛生态系统健康模型和一套面向三类主要外界干扰（人为、地形和海洋干扰）的海岛生态系统韧性模型，提出海岛生态系统健康和韧性指数（IEHI 和 IERI）。研究结果显示 IEHI 和 IERI 在海岛和评价单元尺度上均表现出了明显的空间异质性。在评价单元尺度上，IEHI 高值区主要可见于泥沙岛的部分农田和基岩岛的林地，低值区主要分布在灵昆岛（Is.1）的东南侧、状元岙岛（Is.5）的南侧和北侧以及洞头岛（Is.8）的北侧；IERI 在泥沙岛上总体较高，仅东南侧部分区域表现出了较低的 IERI；基岩岛地势低平处的开发建设集中区 IERI 较高，山地区的 IERI 较低。在海岛尺度上，半屏岛（Is.10）的 IEHI 最高，浅门山岛（Is.3）、灵昆岛（Is.1）和状元岙岛（Is.5）是 IEHI 最低的三个海岛；IERI 沿浅门山岛（Is.3）、灵昆岛（Is.1）、大三盘岛（Is.7）、霓屿岛（Is.2）、洞头岛（Is.8）、花岗岛（Is.6）、状元岙岛（Is.5）、深门山岛（Is.4）、胜利岙岛（Is.9）和半屏岛（Is.10）由大到小依次降低。面积较大、大陆邻近度较高的海岛往往拥有较低的生态系统健康和较高的生态系统韧性。此外，围填海区比非围填海区表现出了较低的生态系统健康和较高的生态系统韧性。

（4）探索了基于生态系统的海岛空间分区技术与实践，提出了海岛总体管控措施和分区发展策略，为海岛国土空间规划和自然资源管理提供了技术依据。基于海岛生态系统健康和韧性的空间数据，依据不同的海岛保护与利用策略，提出了六种海岛空间分区方案，将海岛分为严格保护区、一般保护区和开发利用区。方案 A 侧重生态保护，严格保护区和一般保护区占据了研究区 95% 以上的面积。方案 B 至方案 E 兼顾生态保护与开发利用：方案 B 和方案 C 充分考虑了 IEHI 和 IERI，前者注重各分区面积的均衡，后者则以一般保护区作为主要分区类型；方案 D 和方案 E 分别基于 IEHI 和 IERI 进行划分，各分区面积占比基本一致。方案 F 侧重开发利用，开发利用区占据研究区大部分面积。根据不同海岛的发展方向以及生态系统健康和韧性评估结果，识别出各岛空间分区的最优方案，严格保护区、一般保护区和开发利用区在整个研究区面积占比分别为 27.56%、27.89% 和 44.55%，且在不同海岛之间表现出明显的差异。进而，开展了基于景观结构现状分析和人类活动情景分析的海岛发展对策研究。首先，应严格保护林地、天然灌草地、水库、海岸裸地等重要景观不受侵占，并采取措施提升其生境质量；其次，应逐步退出挖山采石、重工业等具有较大负面影响的开发利用类型，围填海区域应当按照规划进行充分的开发利用以提升其对海岛社会经济发展的支撑作用，且节约集约和高效的开发利用应当成为研究区海岛发展的主要模式；最后，应采取各类措施以削弱人类开发利用活动对海岛生态系统的负面影响，建设合理的城镇绿地空间、构建具有生态效率的岛群生态网络、提升海岛之间和海岛内部的生态连通性是有效应对人类活动负面影响、维护海岛生态系统健康的重要手段。

参考文献

曹凌云，2019. 时光里的灵昆岛［EB/OL］. http：//ojk. wenzhou. gov. cn/art/2019/8/1/art_ 1231186_
　　36291968. html

陈雷，徐兆礼，姚炜民，等，2009. 瓯江口春季营养盐、浮游植物和浮游动物的分布. 生态学报，29
　　（3）：1571-1577.

陈明星，梁龙武，王振波，等，2019. 美丽中国与国土空间规划关系的地理学思考. 地理学报，74
　　（12）：2467-2481.

陈鹏，顾海峰，吴剑，等，2013. 海岛港口开发利用与保护适宜性分区评价——以大亚湾岛群为例.
　　海洋环境科学，32（4）：614-618.

陈水华，范忠勇，陆祎玮，等，2014. 极危鸟类中华凤头燕鸥浙江种群的保护和恢复. 浙江林业，
　　（S1）：20-21.

陈伟杰，熊先华，郑毅，等，2018. 浙江乐清雁荡山种子植物区系分析. 浙江大学学报(理学版)，45
　　（1）：119-126.

陈小勇，焦静，童鑫，2011. 一个通用岛屿生物地理学模型. 中国科学：生命科学，41（12）：1196-
　　1202.

陈星星，黄振华，周朝生，等，2020. 洞头海域大型海藻重金属及有害元素含量特征分析. 浙江农业
　　科学，61（1）：125-128.

池源，石洪华，郭振，等，2015a. 海岛生态脆弱性的内涵、特征及成因探析. 海洋学报，37（12）：
　　93-105.

池源，石洪华，王晓丽，等，2015b. 庙岛群岛南五岛生态系统净初级生产力空间分布及其影响因子.
　　生态学报，35（24）：8094-8106.

池源，石洪华，孙景宽，等，2017a. 城镇化背景下海岛资源环境承载力评估. 自然资源学报，32
　　（8）：1374-1384.

池源，石洪华，王恩康，等，2017b. 庙岛群岛北五岛景观格局特征及其生态效应. 生态学报，37
　　（4）：1270-1285.

池源，刘大海，2021. 岛群生态网络体系、方法与实践. 北京：科学出版社.

初佳兰，张永华，刘述锡，等，2013. 基于最小累积阻力模型的无居民海岛保护与利用分区——以辽

宁蛤蜊岛为例．海洋环境科学，32（5）：752-755．

丁程锋，张绘芳，李霞，等，2017．天山中部云杉天然林水源涵养功能定量评估——以乌鲁木齐河流域为例．生态学报，37（11）：3733-3743．

洞头区统计局，2021．2020年洞头区国民经济和社会发展统计公报．http：//www.dongtou.gov.cn

方创琳，2017．城市多规合一的科学认知与技术路径探析．中国土地科学，31（1）：28-36．

付元宾，杜宇，王权明，等，2014．自然海岸与人工海岸的界定方法．海洋环境科学，33（4）：615-618．

高浩杰，王国明，郁庆君，2015．舟山市种子植物物种多样性及其分布特征．植物科学学报，33（1）：61-71．

高倩，徐兆礼，2009．瓯江口夏、秋季浮游动物种类组成及其多样性．生态学杂志，28（10）：2048-2055．

关皓明，杨青山，浩飞龙，等，2021．基于"产业—企业—空间"的沈阳市经济韧性特征．地理学报，76（2）：415-427．

郭莉滨，杨庆媛，谢金宁，2006．城市规模效益比较研究——以重庆市为例．西南农业大学学报（自然科学版），28（1）：169-174．

何雅琴，陈国杰，曾纪毅，等，2021a．平潭大练岛种子植物区系研究．西南林业大学学报（自然科学）：1-14．

何雅琴，曾纪毅，陈国杰，等，2021b．福建省连江县6个海岛维管植物资源调查与分析．热带作物学报：1-9．

黄暄皓，梁佳丽，黄昕，等，2021．沙滩-社区系统健康韧性评价——以深圳市大鹏半岛为例．生态学报，41（22）：8794-8806．

黄金水，蔡守平，何学友，等，2012．东南沿海防护林主要病虫害发生现状与防治策略．福建林业科技，39（1）：165-167．

黄义雄，郑达贤，方祖光，等，2003．福建滨海木麻黄防护林带的生态经济效益研究．林业科学，39（1）：31-35．

纪学朋，黄贤金，陈逸，等，2019．基于陆海统筹视角的国土空间开发建设适宜性评价——以辽宁省为例．自然资源学报，34（3）：451-463．

李红，2015．温州市海岛简志．杭州：浙江大学出版社．

李军玲，张金屯，邹春辉，等，2012．旅游开发下普陀山植物群落类型及其排序．林业科学，48（7）：174-181．

李晓敏，张杰，曹金芳，等，2015．广东省川山群岛开发利用生态风险评价．生态学报，35（7）：2265-2276．

李义明，李典谟，1994．舟山群岛自然栖息地的变化及其对兽类物种绝灭影响的初步研究．应用生态学报，5（3）：269-275.

梁斌，陈水华，王忠德，2007. 浙江五峙山列岛黄嘴白鹭的巢位选择研究. 生物多样性，15（1）：92-96.

梁海，2019. 洞头外侧海域鱼类群落结构及物种多样性研究. 浙江海洋大学.

林磊，刘东艳，刘哲，高会旺，2016. 围填海对海洋水动力与生态环境的影响. 海洋学报，8（8）：1-11.

刘春艳，张科，刘吉平，2018. 1976—2013年三江平原景观生态风险变化及驱动力. 生态学报，38（11）：3729-3740.

刘乐军，高珊，李培英，等，2015. 福建东山岛地质灾害特征与成因初探. 海洋学报，37（1）：137-146.

刘晓平，李鹏，任宗萍，等，2016. 榆林地区生态系统弹性力评价分析. 生态学报，36（22）：7479-7491.

刘焱序，彭建，汪安，等，2015. 生态系统健康研究进展. 生态学报，35（18）：5920-5930.

刘志敏，叶超，2021. 社会—生态韧性视角下城乡治理的逻辑框架. 地理科学进展，40（1）：95-103.

栾维新，王海壮，2005. 长山群岛区域发展的地理基础与差异因素研究. 地理科学，25（5）：544-550.

马成亮，2007. 山东长岛列岛植物区系及群落结构研究. 南京林业大学.

马克明，孔红梅，关文彬，等，2001. 生态系统健康评价：方法与方向. 生态学报，21（12）：2107-2116.

马克平，刘玉明，1994. 生物群落多样性的测度方法 I：α多样性的测度方法（下）. 生物多样性，2（4）：231-239.

潘国富，谢立峰，郑文炳，等，2020. 中国海域海岛地名志•浙江卷. 北京：海洋出版社.

彭少麟，2011. 发展的生态观：弹性思维. 生态学报，31（19）：5433-5436.

彭思羿，胡广，于明坚，2014. 千岛湖岛屿维管植物β多样性及其影响因素. 生态学报，34（14）：3866-3872.

钱迎倩，马克平，1994. 生物多样性研究的原理与方法. 北京：中国科学技术出版社.

孙晶，王俊，杨新军，2007. 社会-生态系统恢复力研究综述. 生态学报，27（12）：5371-5381.

孙燕，周杨明，张秋文，等，2011. 生态系统健康：理论、概念与评价方法. 地球科学进展，26（8）：887-896.

王斌，杨振姣，2018. 基于生态系统的海洋管理理论与实践分析. 太平洋学报，26：87-98.

王虹扬，盛连喜，2004. 物种保护中几个重要理论探析. 东北师范大学学报（自然科学版），36（4）：116-121.

王芳，高晓路，颜秉秋，2014. 基于住宅价格的北京城市空间结构研究. 地理科学进展，33（10）：

1322-1331.

王静，翟天林，赵晓东，等，2020. 面向可持续城市生态系统管理的国土空间开发适宜性评价——以烟台市为例. 生态学报，40(11)：3634-3645.

王少剑，崔子恬，林靖杰，等，2021. 珠三角地区城镇化与生态韧性的耦合协调研究. 地理学报，76(4)：973-991.

王文婕，葛大兵，周双，等，2015. 平江县生态弹性度定量分析评价研究. 环境科学与管理，40(3)：130-134.

王毅杰，俞慎，2013. 三大沿海城市群滨海湿地的陆源人类活动影响模式. 生态学报，33(3)：998-1010.

王一农，张永普，王旭华，1994. 浙江洞头岛潮间带软体动物的生态调查. 浙江水产学院学报，13(3)：179-182.

王遵亲，等，1993. 中国盐渍土. 北京：科学出版社.

魏石梅，潘竟虎，2021. 中国地级及以上城市网络结构韧性测度. 地理学报，76(6)：1394-1407.

温晓金，刘焱序，杨新军，2015. 恢复力视角下生态型城市植被恢复空间分异及其影响因素——以陕南商洛市为例. 生态学报，35(13)：4377-4389.

温州市人民政府，2017. 温州市城市总体规划（2003—2020年）（2017年修订）. http://zrzyj.wenzhou.gov.cn/art/2017/5/27/art_1631974_30936684.html.

邬建国，2007. 景观生态学——格局、过程、尺度与等级(第二版). 北京：高等教育出版社.

向芸芸，杨辉，陈培雄，等，2018. 基于生态适宜性评价的海洋生态系统管理——以温州市洞头区为例. 应用海洋学学报，37(4)：551-559.

肖兰，张琳婷，杨盛昌，等，2018. 厦门近岸海域无居民海岛植物区系和物种组成相似性. 生物多样性，26(11)：1212-1222.

谢英挺，王伟，2015. 从"多规合一"到空间规划体系重构. 城市规划学刊(3)：15-21.

谢聪，曾庆文，邢福武，2012. 香港吐露港附近岛屿植被与植物多样性研究. 广西植物，32(4)：468-474.

熊高明，谢宗强，赖江山，2007. 三峡水库岛屿成岛前的植被特征与物种丰富度. 生物多样性，15(5)：533-541.

熊先华，陈贤兴，胡仁勇，等，2017. 温州种子植物区系统计分析. 浙江大学学报(理学版)，44(4)：446-455.

徐广才，康慕谊，贺丽娜，等，2009. 生态脆弱性及其研究进展. 生态学报，29(5)：2578-2588.

徐涵秋，2013. 城市遥感生态指数的创建及其应用. 生态学报，33(24)：7853-7862.

徐秋阳，王巍巍，莫罹，2018. 京津冀地区景观稳定性评价. 生态学报，38(12)：4226-4233.

徐日庆，邵玉芳，2005. 温州半岛工程海堤淤泥质地基加固试验研究. 浙江大学学报（农业与生命科学版)(4)：475-478.

徐耀阳，李刚，崔胜辉，等，2018. 韧性科学的回顾与展望：从生态理论到城市实践. 生态学报，38（15）：5297-5304.

徐勇，孙晓一，汤青，2015. 陆地表层人类活动强度：概念、方法及应用. 地理学报，70(7)：1349-1361.

杨帆，宗立，沈珏琳，等，2020. 科学理性与决策机制："双评价"与国土空间规划的思考. 自然资源学报，35(10)：2311-2324.

姚炜民，蔡圣伟，郜钧璋，2005. 洞头县重点养殖海域水质监测及分析. 海洋通报，24(5)：91-96.

姚炜民，郑爱榕，邱进坤，2007. 浙江洞头列岛海域水体富营养化及其与赤潮的关系. 海洋环境科学，26(5)：466-469.

尹祚华，雷富民，丁文宁，等，1999. 中国首次发现黑脸琵鹭的繁殖地. 动物学杂志，34(6)：30-31.

于永海，王鹏，王权明，等，2019. 我国围填海的生态环境问题及监管建议. 环境保护，47(7)：17-19.

岳文泽，吴桐，王田雨，等，2020. 面向国土空间规划的"双评价"：挑战与应对. 自然资源学报，35(10)：2299-2310.

张耀光，张岩，刘桓，2011. 海岛(县)主体功能区划分的研究——以浙江省玉环县、洞头县为例. 地理科学，31(7)：810-816.

郑承忠，2009. 厦门吴冠海蚀地貌的地学意义及利用探讨. 台湾海峡，28(1)：107-112.

中华人民共和国自然资源部，2018. 2017年海岛统计调查公报. http：//www. mnr. gov. cn/gk/tzgg/201807/t20180727_2187022. html.

朱旭宇，黄伟，曾江宁，等，2013. 洞头海域网采浮游植物的月际变化. 生态学报，33(11)：3351-3361.

周道静，徐勇，王亚飞，等，2020. 国土空间格局优化中的"双评价"方法与作用. 中国科学院院刊，35：814-824.

周航，1998. 浙江海岛志. 北京：高等教育出版社.

ADGER W N, 2006. Vulnerability. Global Environmental Change, 16(3)：268-281.

ADRIANTO L, KURNIAWAN F, ROMADHON A, et al., 2021. Assessing social-ecological system carrying capacity for urban small island tourism：The case of Tidung Islands, Jakarta Capital Province, Indonesia. Ocean and Coastal Management, 212：105844.

AGETSUMA N, 2007. Ecological function losses caused by monotonous land use induce crop raiding by wildlife on the island of Yakushima, southern Japan. Ecological Research, 22(3)：390-402.

AHN J E, RONAN A D, 2020. Development of a model to assess coastal ecosystem health using oysters as the indicator species. Estuarine Coastal and Shelf Science, 233: 106528.

AKPA S I C, ODEH I O A, BISHOP T F A, et al., 2016. Total soil organic carbon and carbon sequestration potential in Nigeria. Geoderma, 271: 202−215.

ALDABAA A A A, WEINDORF D C, CHAKRABORTY S, et al., 2015. Combination of proximal and remote sensing methods for rapid soil salinity quantification. Geoderma, 239−240: 34−46.

AL-JENEID S, BAHNASSY M, NASR S, et al. 2008. Vulnerability assessment and adaptation to the impacts of sea level rise on the Kingdom of Bahrain. Mitigation and Adaptation Strategies for Global Change, 13: 87−104.

ALLBED A, KUMAR L, ALDAKHEEL Y Y, 2014. Assessing soil salinity using soil salinity and vegetation indices derived from IKONOS high-spatial resolution imageries: Applications in a date palm dominated region. Geoderma, 230−231: 1−8.

ALLEN E, 2001. Forest health assessment in Canada. Ecosystem Health, 7(1): 28−34.

AMADU I, ARMAH F A, AHETO D W, et al., 2021. A study on livelihood resilience in the small-scale fisheries of Ghana using a structural equation modelling approach. Ocean & Coastal Management, 215: 105952.

ATWELL M A, WUDDIVIRA M N, WILSON M, 2018. Sustainable management of tropicalsmall island ecosystems for the optimization of soil natural capital and ecosystem services: a case of a Caribbean soil ecosystem—Aripo savannas Trinidad. Journal of Soils and Sediments 18: 1654−1667.

BAIG M H A, ZHANG L, TONG S, et al., 2014. Derivation of a tasselled cap transformation based on Landsat 8 at-satellite reflectance. Remote Sensing Letters, 5 (5): 423−431.

BALLESTEROS M, CAÑADAS E M, FORONDA A, et al., 2012. Vegetation recovery of gypsum quarries: Short-term sowing response to different soil treatments. Applied Vegetation Science, 15: 187−197.

BALZAN M V, CARUANA J, ZAMMIT A, 2018. Assessing the capacity and flow of ecosystem services in multifunctional landscapes: Evidence of a rural-urban gradient in a Mediterranean small island state. Land Use Policy, 75: 711−725.

BARBIER E B, KOCH E W, SILLIMAN B R, et al., 2008. Coastal ecosystem-based management with non-linear ecological functions and values. Science, 319: 321.

BEBIANNO M J, PEREIRA C G, REY F, et al., 2015. Integrated approach to assess ecosystem health in harbor areas. Science of the Total Environment, 514: 92−107.

BENDER D J, CONTRERAS T A, FAHRIG L., 1998. Habitat loss and population decline: A meta-analysis of the patch size effect. Ecology, 79(2): 517−533.

BIGGS R, SCHLüTER M, SCHOON M L, 2015. Principles for Building Resilience: Sustaining Ecosystem Services in Social-Ecological Systems. Cambridge: Cambridge University Press.

BLAKE D, CARVER S, ZIV G, 2021. Demographic, natural and anthropogenic drivers for coastal Cultural e-cosystem services in the Falkland Islands. Ecological Indicators, 130: 108087.

BLINDOW I, ANDERSSON G, HARGEBY A, et al., 2010. Long-term pattern of alternative stable states in two shallow eutrophic lakes. Freshwater Biology, 30(1): 159-167.

BORGES P A V, CARDOSO P, KREFT H, et al., 2018. Global Island Monitoring Scheme (GIMS): A pro-posal for the long-term coordinated survey and monitoring ofnative island forest biota. Biodiversity and Conservation, 27: 2567-2586.

BORGES P, PHILLIPS M R, NG K, et al., 2014. Preliminary coastal vulnerability assessment for Pico Island (Azores). Journal of Coastal Research, 70: 385-388.

BROWN K, TURNER R K, HAMEED H, et al., 2000. Environmental carrying capacity and tourism develop-ment in the Maldives and Nepal. Environmental Conservation, 24(4): 316-325.

BROWN M T, VIVAS M B, 2005. Landscape development intensity index. Environmental Monitoring and As-sessment, 101: 289-309.

BUFFA G, VECCHIO S D, FANTINATO E, et al., 2018. Local versus landscape-scale effects of anthropo-genic land-use on forest species richness. Acta Oecologica, 86: 49-56.

BUNN S E, ABAL E G, SMITH M J, et al., 2010. Integration of science and monitoring of river ecosystem health to guide investments in catchment protection and rehabilitation. Freshwater Biology, 55: 223-240.

BUTKUS D, GRUBLIAUSKAS R, MAŽUOLIS J., 2012. Research of equivalent and maximum value of noise generated by wind power plants. Journal of Environmental Engineering and Landscape Management, 20 (1): 27-34.

CAI H, LU H, TIAN Y, et al., 2020a. Effects of invasive plants on the health of forest ecosystems on small tropical coral islands. Ecological Indicators, 117: 106656.

CAI W, XIA J, YANG M, et al., 2020b. Cross-basin analysis of freshwater ecosystem health based on a zooplanktonbased Index of Biotic Integrity: Models and application. Ecological Indicators, 114: 106333.

CAI Y, HUANG G, TAN Q et al., 2011. Identification of optimal strategies for improving eco-resilience to floods in ecologically vulnerable regions of a wetland. Ecological Modelling, 222(2): 360-369.

CáMARA-LERET R, FRODIN, D G, ADEMA F, et al., 2020. New guinea has the world's richest island flo-ra. Nature, 584: 579-583.

CARPENTER S R, WESTLEY F, TURNER M G, 2005. Surrogates for resilience of social-ecological systems. Ecosystems, 8(8): 941-944.

CEN X, WU C, XING X, et al., 2015. Coupling intensive land use and landscapeecological security for urban sustainability: an integrated socioeconomic data and spatial metrics analysis in Hangzhou City. Sus-tainability, 7(2): 1459-1482.

CHEN H, CHEN C, ZHANG Z, et al., 2021. Changes of the spatial and temporal characteristics of land-use landscape patterns using multi-temporal Landsat satellite data: A case study of Zhoushan Island, China. Ocean & Coastal Management, 213: 105842.

CHEN H, JIA B, LAU S S Y, 2008. Sustainable urban form for Chinese compact cities: Challenges of a rapid urbanized economy. Habitat International, 32(1): 28-40.

CHEN S, WANG W, XU W, et al., 2018b. Plant diversity enhances productivity and soil carbon storage. Proceedings of the National Academy of Sciences of the United States of America, 115: 4027-4032.

CHEN Y, WEI Y, PENG L, 2018a. Ecological technology model and path of seaport reclamation construction. Ocean and Coastal Management, 165: 244-257.

CHENG X, CHEN L, SUN R, et al., 2018. Land use changes and socio-economic development strongly deteriorate river ecosystem health in one of the largest basins in China. Science of the Total Environment, 616-617: 376-385.

CHI Y, SHI H, WANG X, et al., 2016. Impact factors identification of spatial heterogeneity of herbaceous plant diversity on five southern islands of Miaodao Archipelago in North China. Chinese Journal of Oceanology and Limnology, 34(5): 937-951.

CHI Y, SHI H, WANG Y, et al., 2017a. Evaluation on island ecological vulnerability and its spatial heterogeneity. Marine Pollution Bulletin, 125: 216-241.

CHI Y, SHI H, ZHENG W, et al., 2017b. Archipelago bird habitat suitability evaluation based on a model of form-structure-function-disturbance. Journal of Coastal Conservation, 21: 473-488.

CHI Y, SHI H, ZHENG W, et al., 2018a. Archipelagic landscape patterns and their ecological effects in multiple scales. Ocean and Coastal Management, 152: 120-134.

CHI Y, SHI H, ZHENG W, et al., 2018b. Spatiotemporal characteristics and ecological effects of the human interference index of the Yellow River Delta in the last 30years. Ecological Indicators, 89: 880-892.

CHI Y, SHI H, ZHENG W, et al., 2018c. Simulating spatial distribution of coastal soil carbon content using a comprehensive land surface factor system based on remote sensing. Science of the Total Environment, 628-629: 384-399.

CHI Y, ZHANG Z, GAO J, et al., 2019a. Evaluating landscape ecological sensitivity of an estuarine island based on landscape pattern across temporal and spatial scales. Ecological Indicators, 101: 221-237.

CHI Y, ZHAO M, SUN J, et al., 2019b. Mapping soil total nitrogen in an estuarine area with high landscape fragmentation using a multiple-scale approach. Geoderma, 339: 70-84.

CHI Y, SUN J, FU Z, et al., 2019c. Spatial pattern of plant diversity in a group of uninhabited islands from the perspectives of island and site scales. Science of the Total Environment, 664: 334-346.

CHI Y, ZHANG Z, XIE Z, et al., 2020a. How human activities influence the island ecosystem through damaging the natural ecosystem and supporting the social ecosystem? Journal of Cleaner Production, 248: 119203.

CHI Y, ZHANG Z, WANG J, et al., 2020b. Island protected area zoning based on ecological importance and tenacity. Ecological Indicators, 112: 106139.

CHI Y, WANG E, WANG J, 2020c. Identifying the anthropogenic influence on the spatial distribution of plant diversity in an estuarine island through multiple gradients. Global Ecology and Conservation, 21: e00833.

CHI Y, SUN J FU Z, et al., 2020d. Which factor determines the spatial variance of soil fertility on uninhabited islands? Geoderma, 374: 114445.

CHI Y, LIU D, WANG J, et al., 2020e. Human negative, positive, and net influences on an estuarine area with intensive human activity based on land covers and ecological indices: an empirical study in Chongming Island, China. Land Use Policy, 99: 104846.

CHI Y, LIU D, XING W, et al., 2021. Island ecosystem health in the context of human activities with different types and intensities. Journal of Cleaner Production, 281: 125334.

CHI Y, LIU D, WANG C, et al., 2022a. Island development suitability evaluation for supporting the spatial planning in archipelagic areas. Science of the Total Environment, 829: 154679.

CHI Y, SUN J, XIE Z, WANG J, 2022b. Soil-landscape relationships in a coastal archipelagic ecosystem. Ocean and Coastal Management, 216: 105996.

COSTANZA R, NORTON B G, HASKELL B J, 1992. Ecosystem Health: New Goals for Environmental Management. Island Press, Washington D C.

CRAVEN D, KNIGHT T M, BARTON K E, et al., 2019. Dissecting macroecological and macroevolutionary patterns of forest biodiversity across the Hawaiian archipelago. Proceedings of the National Academy of Sciences of the United States of America, 116: 16436-16441.

CROFT H, KUHN N J, ANDERSON K, 2012. On the use of remote sensing techniques for monitoring spatiotemporal soil organic carbon dynamics in agricultural systems. Catena, 94(9): 64-74.

DALTON T, JIN D, THOMPSON R, et al., 2017. Using normative evaluations to plan for and manage shellfish aquaculture development in Rhode Island coastal waters. Marine Policy, 83: 194-203.

DERISSEN S, QUAAS M F, BAUMGÄRTNER S, 2011. The relationship between resilience and sustainability of ecological-economic systems. Ecological Economics, 70(6): 1121-1128.

DI X, HOU X, WANG Y, et al., 2015. Spatial-temporal characteristics of land use intensity of coastal zone in China during 2000-2010. Chinese Geographical Science, 25 (1): 51-61.

DINAPOLI R J, THOMAS P L, 2018. Islands as model environments. The Journal of Island and Coastal Archaeology, 13: 157-160.

DING D, JIANG Y, WU Y, et al., 2020. Landscape character assessment of water-land ecotone in an island area for landscape environment promotion. Journal of Cleaner Production, 259: 120934.

DINTER T C, GERZABEK M H, PUSCHENREITER M, et al., 2021. Heavy metal contents, mobility and origin in agricultural topsoils of the Galápagos Islands. Chemosphere, 272: 129821.

DONG H, LI P, FENG Z, et al., 2019. Natural capital utilization on an international tourism island based on a three-dimensional ecological footprint model: A case study of Hainan Province, China. Ecological Indicators, 104: 479-488.

DOUAOUI A E K, NICOLAS, H, WALTER C, 2006. Detecting salinity hazards within a semiarid context by means of combining soil and remote-sensing data. Geoderma, 134: 217-230.

DUVAT V K E, MAGNAN A K, WISE R M, et al., 2017. Trajectories of exposure and vulnerability of small islands to climate change. WIREs Climate Change, 8: e478.

DVARSKAS A, 2018. Mapping ecosystem services supply chains for coastal Long Island communities: Implications for resilience planning. Ecosystem Services, 30: 14-26.

ELDRIDGE M D B, MEEK P D, JOHNSON R N, 2014. Taxonomic uncertainty and the loss of biodiversity on Christmas Island, Indian Ocean. Conservation Biology, 28 (2): 572-579.

ERDENETSETSEG D, ERDENETUYA M, 2006. Application of NOAA/NDVI for estimation of pasture biomass. Food Chemistry, 43(1): 79-86.

EWERS LEWIS C J, BALDOCK J A, HAWKE B, et al., 2019. Impacts of land reclamation on tidal marsh 'blue carbon' stocks. Science of the Total Environment, 672: 427-437.

FARHAN A R, LIM S, 2012. Vulnerability assessment of ecological conditions in Seribu Islands, Indonesia. Ocean and Coastal Management, 65: 1-14.

FATTAL P, MAANAN M, TILLIER I, et al., 2010. Coastal vulnerability to oil spill pollution: the case of Noirmoutier Island (France). Journal of Coastal Research, 26(5): 879-887.

FERNáNDEZ-PALACIOS J M, KREFT H, et al., 2021. Scientists' warning—The outstanding biodiversity of islands is in peril. Global Ecology and Conservation, 31: e01847.

FIELD C B, BEHRENFELD M J, RANDERSON J T, et al., 1998. Primary production of the biosphere: integrating terrestrial and oceanic components. Science, 281: 237-240.

FILHO W L, HAVEA P H, BALOGUN A L, et al., 2019. Plastic debris on Pacific Islands: Ecological and health implications. Science of the Total Environment, 670: 181-187.

FU W, LIU S, DEGLORIA S D, et al., 2010. Characterizing the "fragmentation-barrier" effect of road networks on landscape connectivity: A case study in Xishuangbanna, Southwest China. Landscape and Urban Planning, 95(3): 122-129.

FÜSSEL H M, 2007. Vulnerability: A generally applicable conceptual framework for climate change research.

Global Environmental Change，17（2）：155-167.

GALLOWAY J N, TOWNSEND A R, ERISMAN J W, et al., 2008. Transformation of the nitrogen cycle：Recent trends, questions, and potential solutions. Science, 320：889-892.

GAO P, WANG B, GENG G, et al., 2013. Spatial distribution of soil organic carbon and total nitrogen based on GIS and geostatistics in a small watershed in a hilly area of northern China. PLoS One, 8（12）：e83592.

GAO S, SUN H, ZHAO L, et al., 2019. Dynamic assessment of island ecological environment sustainability under urbanization based on rough set, synthetic index and catastrophe progression analysis theories. Ocean and Coastal Management, 178：104790.

GENELETTI D, VAN DUREN I, 2008. Protected area zoning for conservation and use：a combination of spatial multicriteria and multiobjective evaluation. Landscape and Urban Planning, 85：97-110.

GERMANO D, MACHADO R, GODINHO S, et al., 2016. The impact of abandoned/disused marble quarries on avifauna in the anticline of Estremoz, Portugal：does quarrying add to landscape biodiversity? Landscape Research, 41：880-891.

GIL A, FONSECA C, BENEDICTO-ROYUELA J, 2018. Land cover trade-offs in small oceanic islands：A temporal analysis of Pico Island, Azores. Land Degradation and Development, 29：349-360.

GOLDMAN M A, NEEDELMAN B A, RABENHORST M C, et al., 2020. Digital soil mapping ina low-relief landscape to support wetland restoration decisions. Geoderma, 373：114420.

GOLDSTEIN J H, CALDARONE G, DUARTE T K, et al., 2012. Integrating ecosystem-service tradeoffs into land-use decisions. Proceedings of the National Academy of Sciences of the United States of America, 109（19）：7565-7570.

GONZALES E K, ARCESE P, SCHULZ R, et al., 2003. Strategic reserve design in the central coast of British Columbia：integrating ecological and industrial goals. Canadian Journal of Forest Research, 33：2129-2140.

GONZALEZABRAHAM C E, RADELOFF V C, HAMMER R B, et al., 2007. Building patterns and landscape fragmentation in northern Wisconsin, USA. Landscape Ecology, 22（2）：217-230.

GORJI T, SERTEL E, TANIK A, 2017. Monitoring soil salinity via remote sensing technology under data scarce conditions：A case study from Turkey. Ecological Indicators, 74：384-391.

GÖSSLING S, HANSSON C B, HÖRSTMEIER O, et al., 2002. Ecological footprint analysis as a tool to assess tourism sustainability. Ecological Economics, 43（2-3）：199-211.

GRANT M L, LAVERS J L, HUTTON I, et al., 2021. Seabird breeding islands as sinks for marine plastic debris. Environmental Pollution, 276：116734.

GRANTHAM H S, AGOSTINI V N, WILSON J, et al., 2013. A comparison of zoning analyses to inform the planning of a marine protected area network in Raja Ampat, Indonesia. Marine Policy, 38 (38): 184-194.

GUNDERSON L H, 2002. Ecological resilience-In theory and application. Annual Review of Ecology and Systematics, 31: 425-439.

GUSDORF F, HALLEGATTE S, 2007. Compact or spread-out cities: Urban planning, taxation, and the vulnerability to transportation shocks. SSRN Electronic Journal, 35(10): 4826-4838.

HAFEZI M, SAHIN O, STEWART R A, et al., 2020. Adaptation strategies for coral reef ecosystems in Small Island Developing States: Integrated modelling of local pressures and long-term climate changes. Journal of Cleaner Production, 253: 119864.

HAMYLTON S M, MORRIS R H, CARVALHO R C, et al., 2020. Evaluating techniques for mapping island vegetation from unmanned aerial vehicle (UAV) images: Pixel classification, visual interpretation and machine learning approaches. International Journal of Applied Earth Observation and Geoinformation, 89: 102085.

HANG J, LI Y, SANDBERG M, et al., 2012. The influence of building height variability on pollutant dispersion and pedestrian ventilation in idealized high-rise urban areas. Building and Environment, 56: 346-360.

HASHIMOTO S, DASGUPTA R, KABAYA K, et al., 2019. Scenario analysis of land-use and ecosystem services of social-ecological landscapes: implications of alternative development pathways under declining population in the Noto Peninsula, Japan. Sustainability Science, 14: 53-75.

HATTERMANN D, BERNHARDT-RÖMERMANN M, OTTE A, et al., 2018. New insights into island vegetation composition and species diversity—Consistent and conditional responses across contrasting insular habitats at the plot-scale. PLoS ONE, 13(7): e0200191.

HAWBAKER T J, RADELOFF V C, CLAYTON M K, et al., 2006. Road development, housing growth, and landscape fragmentation in northern Wisconsin: 1937 - 1999. Ecological Applications, 16 (3): 1222-1237.

HALPERN B S, LONGO C, HARDY D, et al., 2012. An index to assess the health and benefits of the global ocean. Nature, 488: 615-620.

HELMUS M R, BEHM J E, 2020. Island Biogeography Revisited. Encyclopedia of the World's Biomes, 51-56.

HELMUS M R., MAHLER D L, LOSOS J B, 2014. Island biogeography of the Anthropocene. Nature, 513: 543-546.

HERRERA M, ABRAHAM E, STOIANOV I, 2016. A graph-theoretic framework for assessing the resilience of sectorised water distribution networks. Water Resources Management, 30(5): 1685-1699.

HIROTA M, HOLMGREN M, VAN NES E H, et al., 2011. Global resilience of tropical forest and savanna to critical transitions. Science, 334(6053): 232-235.

HOLDAWAY A, FORD M, OWEN S, 2021. Global-scale changes in the area of atoll islands during the 21st century. Anthropocene, 33: 100282.

HOLDING S, ALLEN D M, FOSTER S, et al., 2016. Groundwater vulnerability on small islands. Nature Climate Change, 6: 1100-1103.

HOLLING C S, 1973. Resilience and stability of ecological systems. Annual Review of Ecology and Systematics, 4(1): 1-23.

HU X, XU H, 2018. A new remote sensing index for assessing the spatial heterogeneity in urban ecological quality: A case from Fuzhou City, China. Ecological Indicators, 89: 11-21.

HUANG B, OUYANG Z, ZHENG H, et al., 2008. Construction of an eco-island: a case study of Chongming Island, China. Ocean Coast. Manag. 51 (8-9), 575-588.

HULL V, XU W, LIU W, et al., 2011. Evaluating the efficacy of zoning designations for protected area management. Biological Conservation, 144(12): 3028-3037.

IBANEZ T, KEPPEL G, BAIDER C, et al., 2018. Regional forcing explains local species diversity and turnover on tropical islands. Global Ecology and Biogeography, 27: 474-486.

International Union for Conservation of Nature (IUCN), 2010. The IUCN Red List of Threatened Species. IUCN. www. iucnredlist. org

JACKSON G, MCNAMARA K, WITT B, 2017. A framework for disaster vulnerability in a small island in the Southwest Pacific: A case study of Emae Island, Vanuatu. International Journal of Disaster Risk Science, 8: 1-16.

JACQUELINEL F, EVELYNH M, HAWTHORNEL B, et al., 2008. Thresholds in landscape connectivity and mortality risks in response to growing road networks. Journal of Applied Ecology, 45 (5): 1504-1513.

JIA X, CHEN S, YANG Y, et al., 2017. Organic carbon prediction in soil cores using VNIR and MIR techniques in an alpine landscape. Scientific Reports, 7: 2144.

JIANG Y, YIN G, HOU L, et al., 2021. Variations of dissimilatory nitrate reduction processes along reclamation chronosequences in Chongming Island, China. Soil and Tillage Research, 206: 104815.

JONATHAN B L, ROBERT E R, 2010. The Theory of Island Biogeography Revisited. Princeton: Princeton University Press.

JUPITER S, MANGUBHAI S, KINGSFORD R T, 2014. Conservation of biodiversity in the Pacific islands of Oceania: challenges and opportunities Pacific. Pac. Conserv. Biol. 20 (2): 206-220.

KAMUKURU A T, MGAYA Y D, ÖHMAN M C, 2004. Evaluating a marine protected area in a developing country: Mafia Island Marine Park, Tanzania. Ocean and Coastal Management, 47(7): 321-337.

KANG H G, KIM C S, KIM E S, 2013. Human influence, regeneration, and conservation of the Gotjawal forests in Jeju Island, Korea. Journal of Marine and Island Cultures, 2: 85-92.

KEFALAS G, KALOGIROU S, POIRAZIDIS K, et al., 2019. Landscape transition in Mediterranean islands: The case of Ionian islands, Greece 1985-2015. Landscape and Urban Planning, 191: 103641.

KIER G, KREFT H, LEE T M, et al., 2009. A global assessment of endemism and species richness across island and mainland regions. Proceedings of the National Academy of Sciences of the United States of America, 106: 9322-9327.

KIRCH P V, 2007. Three islands and an archipelago: reciprocal interactions between humans and island ecosystems. In: Earth and Environmental Science Transaction of the Royal Society of Edinburgh, 98, 85-99.

KURA N U, RAMLI M F, IBRAHIM S, et al., 2015. Assessment of groundwater vulnerability to anthropogenic pollution and seawater intrusion in a small tropical island using index-based methods. Environmental Science and Pollution Research, 22: 1512-1533.

KURNIAWAN F, ADRIANTO L, BENGEN D G, et al., 2016. Vulnerability assessment of small islands to tourism: The case of the Marine Tourism Park of the Gili Matra Islands, Indonesia. Global Ecology and Conservation, 6: 308-326.

KURNIAWAN F, ADRIANTO L, BENGEN D G, et al., 2019. The social-ecological status of small islands: An evaluation of island tourism destination management in Indonesia. Tourism Management Perspectives, 31: 136-144.

LACKEY R T, 2001. Values, policy, and ecosystem health. BioScience, 51(6): 437-443.

LAPOINTE M, GURNEY G G, CUMMING G S, 2020. Urbanization alters ecosystem service preferences in a Small Island Developing State. Ecosystem Services, 43: 101109.

LAUTENBACH S, KUGEL C, LAUSCH A, et al., 2011. Analysis of historic changes in regional ecosystem service provisioning using land use data. Ecological Indicators, 11(2): 676-687.

LAWLER J J, LEWIS D J, NELSON E, et al., 2014. Projected land-use change impacts on ecosystem services in the United States. Proceedings of the National Academy of Sciences of the United States of America, 111(20): 7492-7497.

LEE H J, RYU S O, 2008. Changes in topography and surface sediments by the Saemangeum dyke in an estuarine complex, west coast of Korea. Continental Shelf Research, 28(9): 1177-1189.

LEENAARS J G B, ELIAS E, WÖSTEN J H M, et al., 2020. Mapping the major soil-landscape resources of the Ethiopian Highlands using random forest. Geoderma, 361: 114067.

LEICHENKO R, 2011. Climate change and urban resilience. Current Opinion in Environmental Sustainability, 3(3): 164-168.

174

LI H, WEBSTER R, SHI Z, 2015. Mapping soil salinity in the Yangtze delta: REML and universal kriging (E-BLUP) revisited. Geoderma, 237−238: 71−77.

LI J, OH Y, 2010. A research on competition and cooperation between Shanghai Port and Ningbo-Zhoushan Port. Asian Journal of Shipping and Logistics, 26(1): 67−91.

LI W, LIU C, SU W, et al., 2021. Spatiotemporal evaluation of alpine pastoral ecosystem health by using the Basic-Pressure-State-Response Framework: A case study of the Gannan region, northwest China. Ecological Indicators, 129: 108000.

LI X, XIAO R, 2017. Analyzing network topological characteristics of eco-industrial parks from the perspective of resilience: a case study. Ecological Indicators, 74: 403−413.

LIANG Z, CHEN S, YANG Y, et al., 2019. High-resolution three-dimensional mapping of soil organic carbon in China: effects of soilgrids products on national modeling. Science of the Total Environment, 685: 480−489.

LIN J, LI X, 2016. Conflict resolution in the zoning of eco-protected areas in fast-growing regions based on game theory. Journal of Environmental Management, 170: 177−185.

LIN T, XUE X, SHI L, GAO L, 2013. Urban spatial expansion and its impacts on island ecosystem services and landscape pattern: A case study of the island city of Xiamen, Southeast China. Ocean and Coastal Management, 81: 90−96.

LIU S, DONG Y, DENG L, et al., 2014. Forest fragmentation and landscape connectivity change associated with road network extension and city expansion: a case study in the Lancang River Valley. Ecological Indicators, 36(36): 160−168.

LIU W, GUO Z, JIANG B, et al., 2020. Improving wetland ecosystem health in China. Ecological Indicators, 113: 106184.

LIU W, SUN F, SUN S, et al., 2019. Multi-scale assessment of eco-hydrological resilience to drought in China over the last three decades. Science of the Total Environment, 672: 201−211.

LORILLA R S, POIRAZIDIS K, DETSIS V, et al., 2020. Socio-ecological determinants of multiple ecosystem services on the Mediterranean landscapes of the Ionian Islands (Greece). Ecological Modelling, 422: 108994.

LOUGHLAND R, BUTT S J, NITHYANANDAN M, 2020. Establishment of mangrove ecosystems on man-made islands in Kuwait: Sustainable outcomes in a challenging and changing environment. Aquatic Botany, 167: 103273.

LU S, SHEN C, CHIAU W, 2014. Zoning strategies for marine protected areas in Taiwan: Case study of Gueishan Island in Yilan County, Taiwan, Marine Policy, 48: 21−29.

LUO P, YANG Y, WANG H, et al., 2018. Water footprint and scenario analysis in the transformation of

Chongming into an international eco-island. Resources, Conservation and Recycling, 132: 376-385.

MA X, DE JONG M, SUN B, et al., 2020. Nouveauté or Cliché? Assessment on island ecological vulnerability to Tourism: Application to Zhoushan, China. Ecological Indicators, 113: 106247.

MACARCHUR R H, WILSON E O, 1963. An equilibrium theory of insular zoogeography. Evolution: 37: 373-387.

MACARCHUR R H, WILSON E O, 1967. The Theory of Island Biogeography. Princeton: Princeton University Press.

MAIO C V, GONTZ A M, BERKLAND T E P, 2012. Coastal hazard vulnerability assessment of sensitive historical sites on Rainsford Island, Boston Harbor, Massachusetts. Journal of Coastal Research, 28: 20-33.

MAKSIN M, RISTIC V, NENKOVICRIZNIC M, et al., 2018. The role of zoning in the strategic planning of protected areas: lessons learnt from EU countries and Serbia. European Planning Studies, 26(2): 1-35.

MANTYKA-PRINGLE C S, JARDINE T D, BRADFORD L, et al., 2017. Bridging science and traditional knowledge to assess cumulative impacts of stressors on ecosystem health. Environment International, 102: 125-137.

MARCOS L, DASKALOV G M, ROUYER T A, et al., 2011. Overfishing of top predators eroded the resilience of the Black Sea system regardless of the climate and anthropogenic conditions. Global Change Biology, 17(3): 1251-1265.

MARIEN M, 2005. The Resilient city: How modern cities recover from disaster. Future Survey, 28(4): 456-456.

MARTÍN J A R, ÁLVARO-FUENTES J, GABRIEL J L, et al., 2019. Soil organic carbon stock on the Majorca Island: Temporal change in agricultural soil over the last 10 years. Catena, 181: 104087.

MARTÍN-CEJAS R R, SÁNCHEZ P P R, 2010. Ecological footprint analysis of road transport related to tourism activity: The case for Lanzarote Island. Tourism Management, 31(1): 98-103.

MARTINS V N, SILVA D S E, CABRAL P, 2012. Social vulnerability assessment to seismic risk using multi-criteria analysis the case study of Vila Franca do Campo (São Miguel Island, Azores, Portugal). Natural Hazards, 62: 385-404.

MCBRATNEY A B, SANTOS M M, MINASNY B, 2003. On digital soil mapping. Geoderma 117, 3-52.

MCNEELY J, 1994. Protected areas for the 21st century: working to provide benefits tosociety. Biodiversity and Conservation, 3: 390-405.

MINAI J, LIBOHOVA Z, SCHULZE D G, 2020. Disaggregation of the 1: 100, 000 Reconnaissance soil map of the Busia Area, Kenya using a soil landscape rule-based approach. Catena, 195: 104806.

MITTERMEIER R A, ROBLES G, HOFFMAN M, et al., 2005. Hotspots revisited: earth's biologically richest and most endangered terrestrial ecoregions. Boston: University of Chicago Press.

MOGHAL Z, O'CONNELL E, 2018. Multiple stressors impacting a small island tourism destination-community: a nested vulnerability assessment of Oistins, Barbados. Tourism Management Perspectives, 26: 78-88.

MOON H, HAN H, 2018. Destination attributes influencing Chinese travelers' perceptions of experience quality and intentions for island tourism: A case of Jeju Island. Tourism Management Perspectives, 28: 71-82.

MORGAN C L S, WAISER T H, BROWN D J, et al., 2009. Simulated in situ characterization of soil organic and inorganic carbon with visible near-infrared diffuse reflectance spectroscopy. Geoderma, 151: 249-256.

MORGAN L K, WERNER A D, 2014. Seawater intrusion vulnerability indicators for freshwater lenses in strip islands. Journal of Hydrology, 508: 322-327.

NAM K, LIM U, KIM B H S, 2012. "Compact" or "Sprawl" for sustainable urban form? Measuring the effect on travel behavior in Korea. The Annals of Regional Science, 49(1): 157-173.

NAUGHTON-TREVES L, HOLLAND M B, BRANDON K, 2005. The role of protected areas in conserving biodiversity and sustaining local livelihoods. Annual Review of Environment and Resources, 30: 219-252.

NEL R, MEARNS K F, JORDAAN M, et al., 2021. Towards understanding the role of islandness in shaping socio-ecological systems on SIDS: The socio-ecological islandscape concept. Ecological Informatics, 62: 101264.

NG K, BORGES P, PHILLIPS M R, et al., 2019. An integrated coastal vulnerability approach to small islands: The Azores case. Science of the Total Environment, 690: 1218-1227.

NUISSL H, SIEDENTOP S, 2012. Landscape planning for minimizing land consumption, in Encyclopedia of Sustainability Science and Technology, ed R. A. Meyers (New York, NY: Springer): 5785-5817.

OLDFIELD T E E, SMITH R J, HARROP S R, et al., 2004. A gap analysis of terrestrial protected areas in england and its implications for conservation policy. Biological Conservation, 120(3): 303-309.

PANITSA M, TZANOUDAKIS D, TRIANTIS K, et al., 2006. Patterns of species richness on very small islands: the plants of the Aegean archipelago. Journal of Biogeography, 33(7): 1223-1234.

PARK J, BERGEY E A, HAN T, et al., 2020. Diatoms as indicators of environmental health on Korean islands. Aquatic Toxicology, 227: 105594.

PARK S, 2015. Spatial assessment of landscape ecological connectivity in different urban gradient. Environmental Monitoring and Assessment, 187(7): 425.

PARSONS M L, WALSH W J, SETTLEMIER C J, et al., 2008. A multivariate assessment of the coral ecosystem health of two embayments on the lee of the island of Hawai'i. Marine Pollution Bulletin, 56:

1138-1149.

PATIÑO J, WHITTAKER R J, BORGES P A V, et al., 2017. A roadmap for island biology: 50 fundamental questions after 50 years of the Theory of Island Biogeography. Journal of Biogeography, 44: 963-983.

PENG C, SONG M, HAN F, 2017. Urban economic structure, technological externalities, and intensive land use in China. Journal of Cleaner Production, 152: 47-62.

QU M, LI W, ZHANG C, 2013. Assessing the spatial uncertainty in soil nitrogen mapping through stochastic simulations with categorical land use information. Ecological Informatics, 16(4): 1-9.

RAJ A, CHAKRABORTY S, DUDA B M, et al., 2018. Soil mapping via diffuse reflectance spectroscopy based on variable indicators: an ordered predictor selection approach. Geoderma, 314: 146-159.

RAPPORT D J, 1989. What constitute ecosystem health? Perspectives in Biology and Medicine, 33: 120-132.

RAPPORT D J, COSTANZA R, MCMICHAEL A J, 1998. Assessing ecosystem health. Trendsin Ecology and Evolution, 13: 397-402.

RAMÍREZ A, ENGMAN A, ROSAS K G, et al., 2012. Urban impacts on tropical island streams: Some key aspects influencing ecosystem response. Urban Ecosystem, 15: 315-325.

RIEHM K E, BRENNEKE S G, ADAMS L B, 2021. Association between psychological resilience and changes in mental distress during the COVID-19 pandemic. Journal of Affective Disorders, 282, 1: 381-385.

ROCHA J, LANYON C, PETERSON G, 2022. Upscaling the resilience assessment through comparative analysis. Global Environmental Change, 72: 102419.

ROMAN L, WARMBRUNN A, LAWSON T J, et al., 2021. Comparing marine anthropogenic debris on inhabited mainland beaches, coastal islands, and uninhabited offshore islands: A case study from Queensland and the Coral Sea, Australia. Marine Pollution Bulletin, 172: 112919.

RUIZ-LABOURDETTE D, SCHMITZ M F, MONTES C, et al., 2010. Zoning a protected area: Proposal based on a multi-thematic approach and final decision. Environmental Modeling and Assessment, 15(6): 531-547.

SABATINI M D C, VERDIELL A, IGLESIAS R M R, et al., 2007. A quantitative method for zoning of protected areas and its spatial ecological implications. Journal of Environmental Management, 83(2): 198-206.

SAHANA M, HONG H, AHMED R, et al., 2019. Assessing coastal island vulnerability in the Sundarban Biosphere Reserve, India, using geospatial technology. Environmental Earth Sciences, 78: 304.

SAJINKUMAR K S, SANKAR G, RANI V R, et al., 2014. Effect of quarrying on the slope stability in Banasuramala: an offshoot valley of Western Ghats, Kerala, India. Environmental Earth Sciences, 72(7): 2333-2344.

SANDERSON E W, JAITEH M, LEVY M A, et al., 2002. The human footprint and the last of the wild. Bio-Science, 52(10): 891-904.

SAOUT S L, HOFFMANN M, SHI Y, et al., 2013. Protected areas and effective biodiversity conservation. Science, 342: 803-805.

SARKER S, RAHMAN M M, YADAV A K, et al., 2019. Zoning of marine protected areas forbiodiversity conservation in Bangladesh through socio-spatial data. Ocean and Coastal Management, 173: 114-122.

SARRIS A, LOUPASAKIS C, SOUPIOS P, et al., 2010. Earthquake vulnerability and seismic risk assessment of urban areas in high seismic regions: application to Chania City, Crete Island, Greece. Natural Hazards, 54: 395-412.

SASAKI T, FURUKAWA T, IWASAKI Y, et al., 2015. Perspectives for ecosystem management based on ecosystem resilience and ecological thresholds against multiple and stochastic disturbances. Ecological Indicators, 57: 395-408.

SCANDURRA G, ROMANO A A, RONGHI M, et al., 2018. On the vulnerability of Small Island Developing States: A dynamic analysis. Ecological Indicators, 84: 382-392.

SEPPELT R, LAUTENBACH S, VOLK M, 2013. Identifying trade-offs between ecosystem services, land use, and biodiversity: A plea for combining scenario analysis and optimization on different spatial scales. Current Opinion in Environmental Sustainability, 5(5): 458-463.

SFENTHOURAKIS S, PANITSA M, 2012. From plots to islands: Species diversity at different scales. Journal of Biogeography, 39(4): 750-759.

SHAO X, JING C, QI J, et al., 2017. Impacts of land use and planning on island ecosystem service values: a case study of Dinghai District on Zhoushan Archipelago, China. Ecological Processes, 6(1): 27.

SHAH M, CUMMINGS A R, 2021. An analysis of the influence of the human presence on the distribution of provisioning ecosystem services: A Guyana case study. Ecological Indicators, 122: 107255.

SHIFAW E, SHA J, LI X, et al., 2019. An insight into land-cover changes and their impacts on ecosystem services before and after the implementation of a comprehensive experimental zone plan in Pingtan island, China. Land Use Policy, 82: 631-642.

SI X, CADOTTE M W, DAVIES T J, et al., 2022. Phylogenetic and functional clustering illustrate the roles of adaptive radiation and dispersal filtering in jointly shaping late-Quaternary mammal assemblages on oceanic islands. Ecology Letters, 25: 1250-1262.

SONG W, DENG X, 2017. Land-use/land-cover change and ecosystem service provision in China. Science of the Total Environment, 576: 705-719.

STRINGHAM T K, KRUEGER W C, SHAVER P L, 2003. State and transition modeling: an ecological process approach. Journal of Range Management, 56(2): 106-113.

STYERS D M, CHAPPELKA A H, MARZEN L J, et al., 2010. Developing a land cover classification to select indicators of forest ecosystem health in a rapidly urbanizing landscape. Landscape and Urban Planning, 94(3): 158-165.

SU C, FU B, HE C, et al., 2012. Variation of ecosystem services and human activities: A case study in the Yanhe Watershed of China. Acta Oecologica, 44(2): 46-57.

SU M, WALL G, JIN M, 2016. Island livelihoods: Tourism and fishing at Long Islands, Shandong Province, China. Ocean and Coastal Management, 122: 20-29.

SU M, WALL G, WU B, et al., 2021. Tourism place making through the bioluminescent "Blue Tears" of Pingtan Islands, China. Marine Policy, 133: 104744.

SUN B, MA X, DE JONG M, et al., 2019. Assessment on island ecological vulnerability to urbanization: A tale of Chongming Island, China. Sustainability, 11: 2536.

SUN R, WU Z, CHEN B, et al., 2020. Effects of land-use change on eco-environmental quality in Hainan Island, China. Ecological Indicators, 109: 105777.

SWIFT M J, ANDERSON J M, 1993. Biodiversity and ecosystem function in agroecosystems. In: Schultze E, Mooney H A. (Eds.), Biodiversity and Ecosystem Function. Springer, New York City.

TANG D, LIU X, ZOU X, 2018. An improved method for integrated ecosystem health assessments based on the structure and function of coastal ecosystems: A case study of the Jiangsu coastal area, China. Ecological Indicators 84: 82-95.

TANG R, BLANGIARDO M, GULLIVER J, 2013. Using building heights and street configuration to enhance intraurban PM10, NOx, and NO2 land use regression models. Environmental Science and Technology, 47 (20): 11643-11650.

TARAMELLI A, VALENTINI E, STERLACCHINI S, 2015. A GIS-based approach for hurricane hazard and vulnerability assessment in the Cayman Islands. Ocean and Coastal Management, 108: 116-130.

TATTONI C, RIZZOLLI F, PEDRINI P, 2012. Can LiDAR data improve bird habitat suitability models? Ecological Modelling, 245(3): 103-110.

TENG Y, SU J, WANG J, et al., 2014. Soil microbial community response to seawater intrusion into coastal aquifer of Donghai Island, South China. Environmental Earth Sciences 72(9): 3329-3338.

TERSHY B R, SHEN K W, NEWTON K M, et al., 2015. The importance of islands for the protection of biological and linguistic diversity. Bioscience, 65: 592-597.

THIES C, TSCHARNTKE T, 1999. Landscape structure and biological control in agroecosystems. Science, 285 (5429): 893-895.

THOMASSIN A, WHITE C S, STEAD S S, et al., 2010. Social acceptability of a marine protected area: The case of Reunion Island. Ocean and Coastal Management, 53(4): 169-179.

TILMAN D, REICH P B, KNOPS J M H, 2006. Biodiversity and ecosystem stability in a decade-long grassland experiment. Nature, 441: 629-632.

TRIANTIS K A, GUILHAUMON F, WHITTAKER R J, 2012. The island species-area relationship: Biology and statistics. Journal of Biogeography, 39(2): 215-231.

TURVEY R, 2007. Vulnerability assessment of developing countries: The case of Small-island Developing States. Development Policy Review, 25(2): 243-264.

VAICIULYTE S, GALEA E R, VEERASWAMY A, et al., 2019. Island vulnerability and resilience to wildfires: A case study of Corsica. International Journal of Disaster Risk Reduction, 40: 101272.

VALENZUELA-VENEGAS G, HENRIQUEZ-HENRIQUEZ F, BOIX M, et al., 2018. A resilience indicator for eco industrial parks. Journal of Cleaner Production, 174: 807-820.

VARDARMAN J, BERCHOVÁ-BÍMOVÁ K, PĚKNICOVÁ J, 2018. The role of protected area zoning in invasive plant management. Biodiversity and Conservation, 27: 1811-1829.

VELASQUEZ-MONTOYA L, SCIAUDONE E J, HARRISON R B, et al., 2021. Land cover changes on a barrier island: Yearly changes, storm effects, and recovery periods. Applied Geography, 135: 102557.

VENTER Z S, HAWKINS H J, CRAMER M D, et al., 2021. Mapping soil organic carbonstocks and trends with satellite-driven high resolution maps over South Africa. Science of the Total Environment, 771: 145384.

VERMEULEN D, NIEKERK A V, 2017. Machine learning performance for predicting soil salinity using different combinations of geomorphometric covariates. Geoderma, 299: 1-12.

VILCHEK G E, 1998. Ecosystem health, landscape vulnerability, and environmental risk assessment. Ecosystem Health, 4: 52-60.

VISCARRA ROSSEL R A, BEHRENS T, 2010. Using data mining to model and interpret soil diffuse reflectance spectra. Geoderma, 158: 46-54.

VISCONTI P, BUTCHART S, BROOKS T, et al., 2019. Protected area targets post-2020. Science, 364: 239-241.

VITOUSEK P M, 2002. Oceanic islands as model systems for ecological studies. Journal of Biogeography, 29: 573-582.

WALKER B, HOLLING C S, CARPENTER S R, et al., 2004. Resilience, adaptability and transformability in social-ecological systems. Ecology and Society, 9(2): 5.

WANG S, ZHUANG Q, WANG Q, et al., 2017. Mapping stocks of soil organic carbon and soil total nitrogen in Liaoning Province of China. Geoderma, 305: 250-263.

WANG S, ADHIKARI K, WANG Q, et al., 2018. Role of environmental variables in the spatial distribution of soil carbon (C), nitrogen (N), and C: N ratio from the northeastern coastal agroecosystems in China.

Ecological Indicators, 84: 263-272.

WARDLE D A, YEATES G W, BARKER G M, et al., 2003. Island biology and ecosystem functioning in epiphytic soil communities. Science, 301: 1717-1720.

WEIGELT P, JETZ W, KREFT H, 2013. Bioclimatic and physical characterization of the world's islands. Proceedings of the National Academy of Sciences of the United States of America, 110: 15307-15312.

WEIGELT P, STEINBAUER M J, CABRAL J S, et al., 2016. Late Quaternary climate change shapes island biodiversity. Nature, 532: 99-102.

WELLMANN T, HAASE D, KNAPP S, et al., 2018. Urban land use intensity assessment: the potential of spatio-temporal spectral traits with remote sensing. EcologicalIndicators, 85: 190-203.

WESTMAN W E, 1978. Measuring the inertia and resilience of ecosystems. Bioscience, 28: 705-710

WHITE E R, MYERS M C, FLEMMING J M, et al., 2015. Shifting elasmobranch community assemblage at Cocos Island—an isolated marine protected area. Conservation Biology, 29(4): 1186-1197.

WHITTAKER R J, FERNɑNDEZ-PALACIOS J M, MATTHEWS T J, et al., 2017. Island biogeography: taking the long view of nature's laboratories. Science, 357: eaam8326.

WHITTAKER R J, FERNÁNDEZ-PALACIOS J M, 2007. Island Biogeography: Ecology, Evolution, and Conservation. 2nd edn. Oxford: Oxford University Press.

WILSON B R, WILSON S C, SINDEL B, et al., 2019. Soil properties on sub-Antarctic Macquarie Island: Fundamental indicators of ecosystem function and potential change. Catena, 177: 167-179.

WOLANSKI E, MARTINEZ J A, RICHMOND R H, 2009. Quantifying the impact of watershed urbanization on a coral reef: Maunalua Bay, Hawaii. Estuarine, Coastal and Shelf Science, 84(2): 259-268.

WU L, YOU W, JI Z, et al., 2018. Ecosystem health assessment of Dongshan Island based on its ability to provide ecological services that regulate heavy rainfall. Ecological Indicators, 84: 393-403.

WU J, CHENG D, XU Y, et al., 2021. Spatial-temporal change of ecosystem health across China: Urbanization impact perspective. Journal of Cleaner Production, 326: 129393.

WU Y, ZHANG T, ZHANG H, et al., 2020. Factors influencing the ecological security of island cities: A neighborhood-scale study of Zhoushan Island, China. Sustainable Cities and Society, 55: 102029.

XIAO R, YU X, SHI R, et al., 2019. Ecosystem health monitoring in the Shanghai-Hangzhou Bay Metropolitan Area: A hidden Markov modeling approach. Environment International, 133: 105170.

XIE Z, LI X, JIANG D, et al., 2019. Threshold of island anthropogenic disturbance basedon ecological vulnerability assessment—a case study of Zhujiajian Island. Ocean and Coastal Management, 167: 127-136.

XIE Z, LI X, ZHANG Y, et al., 2018. Accelerated expansion of built-up area after bridge connection with mainland: a case study of Zhujiajian Island. Ocean and Coastal Management, 152: 62-69.

XU H, ZHANG T, 2013. Assessment of consistency in forest-dominated vegetation observations between aster and Landsat ETM+ images in subtropical coastal areas of Southeastern China. Agricultural and Forest Meteorology, 168: 1-9.

XU H, 2008. A new index for delineating built-up land features in satellite imagery. International Journal of Remote Sensing, 29 (14): 4269-4276.

XU W, LI X, PIMM S L, et al., 2016. The effectiveness of the zoning of China's protected areas. Biological Conservation, 204: 231-236.

XU Z, FAN W, WEI H, et al., 2019. Evaluation and simulation of the impact of land use change on ecosystem services based on a carbon flow model: A case study of the Manas River Basin of Xinjiang, China. Science of Total Environment, 652: 117-133.

YANG J, GE Y, GE Q, et al., 2016. Determinants of island tourism development: The example of Dachangshan Island. Tourism Management, 55(55): 261-271.

YANG J, GUAN X, LUO M, et al., 2022. Cross-system legacy data applied to digital soil mapping: A case study of Second National Soil Survey data in China. Geoderma Regional, 28: e00489.

YANG R, GUO W, 2018. Exotic Spartina alterniflora enhances the soil functions of a coastal ecosystem. Soil Science Society of America Journal, 82: 901-909.

YANG R, YANG F, YANG F, et al., 2017. Pedogenic knowledge-aided modelling of soil inorganic carbon stocks in an alpine environment. Science of the Total Environment, 599-600: 1445-1453.

YUAN Y, BAI Z, ZHANG J, et al., 2022. Increasing urban ecological resilience based on ecological security pattern: A case study in a resource-based city. Ecological Engineering, 175: 106486.

YUSHANJIANG A, ZHANG F, TAN M L, 2021. Spatial-temporal characteristics ofecosystem health in Central Asia. International Journal of Applied Earth Observations and Geoinformation, 105: 102635.

ZHAN J, ZHANG F, CHU X, et al., 2019. Ecosystem services assessment based on emergy accounting in Chongming Island, Eastern China. Ecological Indicators, 105: 464-473.

ZHANG F, SUN X, ZHOU Y, et al., 2017. Ecosystem health assessment in coastal waters by considering spatio-temporal variations with intense anthropogenic disturbance. Environmental Modelling and Software, 96: 128-139.

ZHANG Y, LI D, FAN C, et al., 2021a. Southeast Asia island coastline changes and driving forces from 1990 to 2015. Ocean and Coastal Management, 215: 105967.

ZHANG S, ZHANG Q, YAN Y, et al., 2021b. Island biogeography theory predicts plant species richness of remnant grassland patches in the agro-pastoral ecotone of northern China. Basic and Applied Ecology, 54: 14-22.

ZHANG H, XIAO Y, DENG Y, 2021c. Island ecosystem evaluation and sustainable development strategies: A case study of the Zhoushan Archipelago. Global Ecology and Conservation, 28: e01603.

ZHANG Z, SHERMAN R, YANG Z, et al., 2013. Integrating a participatory process with a GIS-based multi-criteria decision analysis for protected area zoning in China. Journal for Nature Conservation, 21(4): 225-240.

ZHAO C, PAN T, DOU T, et al., 2019. Making global river ecosystem health assessments objective, quantitative and comparable. Science of Total Environment, 667: 500-510.

ZHAO J, SONG Y, TANG L, et al., 2011. China's cities need to grow in a more compact way. Environmental Science and Technology, 45(20): 8607-8608.

ZHENG Z, DU S, WANG Y, et al., 2018. Mining the regularity of landscape-structure heterogeneity to improve urban land-cover mapping. Remote Sensing of Environment, 214: 14-32.

ZHOU Z, SHANGGUAN Z, ZHAO D, 2006. Modeling vegetation coverage and soil erosion in the Loess Plateau Area of China. Ecological Modelling, 198: 263-268.

ZHUANG H, XIA W, ZHANG C, et al., 2021. Functional zoning of China's protected areaneeds to be optimized for protecting giant panda. Global Ecology and Conservation, 25: e01392.